碳交易制度下的企业运营决策分析

ENTERPRISE OPERATION DECISION ANALYSIS UNDER CARBON TRADING SYSTEM

袁艳红 ◎ 著

经济管理出版社
ECONOMY & MANAGEMENT PUBLISHING HOUSE

图书在版编目（CIP）数据

碳交易制度下的企业运营决策分析 / 袁艳红著. 北京 ：经济管理出版社，2024. -- ISBN 978-7-5096-9863-1

Ⅰ. X511.06

中国国家版本馆 CIP 数据核字第 2024A16A02 号

组稿编辑：杜　菲
责任编辑：杜　菲
责任印制：许　艳
责任校对：王淑卿

出版发行：经济管理出版社
（北京市海淀区北蜂窝 8 号中雅大厦 A 座 11 层　100038）
网　　址：www. E-mp. com. cn
电　　话：（010）51915602
印　　刷：北京晨旭印刷厂
经　　销：新华书店
开　　本：720mm×1000mm/16
印　　张：13. 5
字　　数：207 千字
版　　次：2024 年 8 月第 1 版　　2024 年 8 月第 1 次印刷
书　　号：ISBN 978-7-5096-9863-1
定　　价：88. 00 元

联系地址：北京市海淀区北蜂窝 8 号中雅大厦 11 层
电话：（010）68022974　　邮编：100038

前　言

碳交易是通过市场机制推进全球积极、稳妥实现碳减排的重要政策工具，更是我国实现绿色高质量发展和“双碳”目标的重要抓手。中国生产端碳排放显著，因此建立生产端低碳供应链体系必然是实现碳减排的重要内容。本书从企业视角出发，置身供应链体系，兼顾政府与消费者的协同作用，分析制造企业的低碳决策和生产决策，并在碳约束情境下分析内外部因素如何影响其利润水平与社会价值，共包含以下四部分内容：

第一部分是关于碳交易制度和绿色供应链的背景与基本知识。包括碳交易制度的产生、发展情况、核心概念以及绿色供应链的产生与发展、管理目标和企业的绿色决策优化。

第二部分是关于碳交易制度对我国环境与经济的影响研究，旨在通过研究我国碳交易制度的环境与经济效应，为企业决策提供外部宏观信息。首先通过检验碳交易政策对二氧化碳排放的影响来评估政策的环境效应，其次通过检验碳交易政策对工业增加值的影响来评估碳交易的经济效应，验证其是否实现了经济红利。

第三部分是关于碳交易制度对供应链的影响研究，旨在为企业应对碳约束环境及相关衍生外部因素提供决策建议，包括碳减排技术参与下闭环供应链优化中的企业影响分析、碳减排补贴参与下闭环供应链优化中的企业影响分析以及碳减排技术专利授权下竞争型制造商的减排协作模型选择。

第四部分是关于碳交易制度对生产企业的影响研究，旨在为企业应对碳交易制度提供内部决策建议，包括在碳交易制度下生产企业的减排决策、定价决策与产量决策。

本书的完成要感谢硕士研究生杨晋瑶、关敏捷、路光凯和张亚茹，是他们使本书的研究得以完整。

笔者力求本书的观点和推导准确，但仍难免出现谬误，欢迎广大读者批评指正。

目　录

第一部分　背景与基本知识

第二部分　宏观视角下的碳交易影响

第三部分　供应链视角下的碳交易影响

第四部分 生产企业视角下的碳交易影响

背景与基本知识

第一章 绪论

一、碳交易制度介绍

（一）碳交易制度的产生

行政管制是很多国家一直以来治理环境的主要方式，然而实践证明，虽然这种命令式控制手段能够较快解决当下的环境问题，但是长期来看在一定程度上会对经济发展产生不利影响。于是，人们开始以不妨碍经济发展为前提，寻求新的生态环境保护手段。“排污权交易”就是在这种背景下产生的。

“排污权交易”最早是由加拿大多伦多大学经济学教授 Dales 于 1968 年在《污染、财富与价格》（*Pollution Property and Prices*）一书中提出的，认为“除政府干预以外，没有其他措施能够使企业自发进行环境保护，除非建立一个交易市场，在这个交易市场中，企业若能够有效减少排污，他们就可以同那些需要较多排污的企业进行交易，从中获得资金收益”。

经济学家科斯的产权理论是排污权交易制度的理论基础，该理论主张利用市场机制解决因外部不经济性所导致的环境问题（蓝虹，2022）。这种新型的理念与单纯依靠政府进行管理的模式相比，能够有效督促企业主动减排，并促进经济发展（王小龙，2008）。对于“排污权交易”的概念，诸多学者进行了界定，主要有排污权交易说和经济政策说两种主流学说（张丁夕，2024）。

1. 排污权交易说

排污权交易观点认为，排污权交易是政府代表社会将环境资源以排污权的形式拍卖给出价最高者，排污权可以从政府手中购买，也可以在污染者之间出售或转让。该观点的优点在于，明确了排污权交易的主体、对象、交易方式以及它自身的激励作用。但是，也存在一定的不足之处：第一，该观点将政府向污染者出售排污权和污染者之间的排污权交易都视为排污权交易。实质上，政府与污染者之间进行的是排污权的初始分配，这是污染者之间进行排污权交易的前提，排污权交易只能发生在平等主体即污染者之间。第二，该观点仅仅指出了政府是社会的代表，是环境资源的拥有者。但实际上政府还承担着监督交易管理市场的职责。

2. 经济政策说

经济政策观点认为，排污权交易是一种借助市场的经济刺激手段，排污企业主动有效减排并出售剩余的排污权，从而获得经济回报，由市场对有利于环境的经济行为进行补偿。同时，减排未达到标准或由于减排成本高昂而不愿减排的企业则必须购买排污权，企业为此支出的费用实际上是为其外部不经济性而付出的代价。该观点的不足之处在于：第一，忽视了排污权交易的本质特征，即排污权交易本质上是一种环境保护手段，根本目的在于改善环境，并将环境、经济与社会效益有机统一起来。第二，该观点忽视了环境容量资源的权利属性，会导致政府监管部门对环境容量资源的粗放式经营管理，助长使用者的“资源无价”观念。

（二）碳交易的核心概念

1. 碳排放权

Dales 在《污染、财富与价格》一书中提出的“排污权”，指在不超过环境资源承载力的前提下，控排主体取得的向环境中排放污染物的法定权利。作为排污权的重要组成部分，碳排放权是指控排主体取得的向大气中排放温室气体的法定权利。碳排放权中的“碳”是一系列温室气体的总称。根据不同温室气体对地球温室效应的贡献程度不同，这些温室气体规定以二氧化碳当量为度量的基本单位①。

从对碳排放权的理论探讨和实践发展来看，碳排放权具有法律和经济双重属性（孙明茜，2023）。从法律属性视角，可将碳排放权视为一种特殊的用益物权或准物权（王明远，2010；叶勇飞，2013）。从经济属性视角，碳排放权表现出常规的商品属性。而且，作为一种特殊的政策性商品，为规避在交易前后和交易中出现技术、政策、市场以及资金等各类风险，相关机构开发了碳期权、碳期货和碳证券等碳金融产品，这使碳排放权进一步演变为具有价值储备和增值保值功能的金融资产，其金融属性也逐渐凸显出来（乔海曙和刘小丽，2011）。除了法律和经济属性以外，苏亮瑜和谢晓闻（2017）认为碳排放权还内含着生存权、发展权等基本人权。

2. 碳配额

碳配额指的是碳排放权的分配额度，也称碳排放权配额，是经政府主管部门核定，企业所获得的一定时期内向大气中排放的温室气体的总量，计量单位是吨/二氧化碳当量。国际上有三种主要的配额分配模式，分别为免费分配、拍卖分配和混合分配。

目前，中国碳交易市场对于碳配额的管理机制如下：首先由政府主管部门控制和制定碳排放权总量；其次根据分配规则将碳排放权分配给各控排企业；最后各控排企业根据自身需要在碳交易市场中自由买卖碳配额。由此，中国碳交易市场可以被分为碳交易一级市场和碳交易二级市场，一级市场为发行市场，主要涉及初始碳配额的分配，二级市场为交易市场，主要涉及各控排企业的交易转让等自由市场行为。值得一提的是，碳配额

① 中华人民共和国生态环保部．碳排放权交易管理办法（试行）[EB/OL].（2021-01-05）[2021-03-10]．http：//www. mee. gov. cn/xxgk2018/xxgk/xxgk02/20210 1/t20210105_816131. html.

的初始分配是碳交易市场运行的基础和核心，直接影响着碳交易市场的运行效率。

3. 碳交易市场

碳交易市场也称为碳排放权交易市场或碳市场，是对碳排放权现货和碳排放权衍生品进行交易的市场。不同于普通的商品市场，碳交易市场是人为构建的政策性市场，旨在利用市场机制将碳排放成本“内部化”，以实现环境保护与经济发展的双赢。

自 1992 年《联合国气候变化框架公约》制定以来，国际社会携手应对气候变化问题，先后达成了著名的《京都议定书》（1997 年）和《巴黎协定》（2015 年），逐渐形成全球化治理体系。其中，《京都议定书》的达成具有里程碑意义，其通过法律方式第一次明确了各签约国家应完成的减排义务，并根据各国发展情况确定了不同的核心交易机制，由此产生和建立了碳交易市场。

碳交易市场有多种分类标准。按照交易原理，国际碳交易市场可以划分为基于配额和基于项目的交易市场。基于配额的交易市场通常以“总量—交易”为构建原则，一般为强制交易市场，具体指为实现节能降碳，管理者基于总量控制来确定配额总量和控排主体名单，并将配额分配给控排主体，控排主体出于自身需要对配额进行交易。基于项目的交易市场主要涉及合作项目的开发，通常为自愿交易市场，包括联合履约（Joint Implementation，JI）和清洁发展机制（Clean Development Mechanism，CDM）两种项目交易机制，前者主要是指发达国家与欠发达国家（主要为东欧国家）之间的项目合作，产生的减排单位为单位减排量许可证（ERU），后者主要是指发达国家与发展中国家之间的项目合作，产生的减排单位为核证减排量（CER）许可证。

除了上述两种分类标准外，按照交易内容，碳交易市场还可分为碳现货市场和碳金融市场。自从欧盟碳市场启动以来，越来越多的地区和国家加入到国际碳交易市场建设中，国际合作越发深化，所参与的金融机构不断增多，开发出了一系列碳金融产品，如碳期权、碳远期、碳掉期、碳债券和碳抵押等交易品种，大大促进了碳金融市场的发展。

4. 碳交易价格机制

碳排放权交易价格也称碳交易价格、碳价格或碳价，是指在交易碳排放权时买者需要支付的经济代价或货币数量。碳排放权交易价格与企业的生产经营活动紧密相关，是企业进行生产经营决策的重要参考，控排企业可以根据市场碳价和自身需要，来决定是购买碳排放权还是引进、开发减排技术，以实现生产成本最小。需要指出的是，相较于一般的劳动产品，碳排放权是一种政府发放的“排放许可证”，碳排放权交易价格天然具备政策性、虚拟性、不确定性以及生态性等不同于其他一般商品价格的特殊属性。

因此，碳排放权交易价格机制可视为价格形成要素内部互为相关、互相制约所决定的价格形成和运动的内在规律，以及政府根据价格规律干预、管理价格，调节国民经济运行的机理和形式，主要包括价格形成、价格运行和价格调控（孙明茜，2023）。

在经济学领域，机制范畴被广泛用于研究社会经济活动，如市场机制、风险机制、价格机制和调节机制等方面。其中，价格机制在市场机制中占据着主要地位，其体现了在一定的条件下，价格与供求之间的内在作用和相互联系过程（蒋家俊和李慧中，1991）。有市场必有价格，市场机制必须要通过价格机制才能发挥调节作用，实现资源的有效配置，因此，赵小平（2005）认为从广义上讲价格机制就等同于市场机制。从狭义上讲，宁玉山等（1989）认为市场机制与价格机制、供求机制和竞争机制等要素机制密切相关，其中，价格机制是形成市场机制的基础前提（胡耀国，1998），两者并不能等同。

为保持合理、有效和相对稳定的碳价水平，学者们提出在交易中设置价格限制的方法（Burtraw et al.，2010；Fankhauser & Hepburn，2010；Goulder & Schein，2013）。在实践中，大部分国际碳市场设置了市场调节机制，通过灵活调整配额市场供给总量来影响市场价格。常见的调节机制触发条件为价格限制，当碳配额的二级市场价格超过或低于某个价格时，市场将通过配额储备机制、抵消比例调整、存储规则和履约要求调整等手段释放或回收部分配额（段茂盛等，2018），如美国区域温室气体倡议（Regional Greenhouse Gas Initiative，RGGI）、美国加州碳市场和韩国碳市场。欧盟碳市场的市场稳定储备机制（Market Stability Reserve，MSR）的触发条件为市场流通配额数量，根据市场上的累计配额盈余量扣留或释放部分配额①。此外，实施拍卖的碳市场也都在一级市场制定了拍卖底价规则，以向二级市场传递价格信号。

（三）碳交易制度的发展情况

1. 国外发展情况

碳排放交易体系可以分为两种：一种是基于配额的碳排放交易体系，另一种是基于项目的碳排放交易体系（张妍和李玥，2018）。目前，全球主要碳排放权交易体系有欧盟碳市场、美国区域温室气体倡议、韩国碳市场和新西兰碳市场等，并形成了国际碳行动伙伴组织（International Carbon Action Partnership，ICAP）。其中欧盟碳排放交易体系（EU ETS）自2005年开始运行，因其具有环境有效性、成本有效性及政治可行性等优点（Goulder & Parry，2008；Tietenberg，2010），是各国在建立碳市场时最主要的参照，已经成为当前全球规模最大、影响最广的碳交易市场。欧盟碳交易市场作为一种长效政策工具，其发展已经过了三个阶段，正处于相对稳定的第四阶段，各阶段相关政策的制定有着较大差别。

（1）第一阶段（2005~2007年）。覆盖了25个欧盟国家，参与企业以能源密集型企业为主，主要控制温室气体二氧化碳。由于缺乏基期数据，碳配额采用“历史总数”的方式，根据各成员提出的全国配给方案无偿配给，且碳排放配额高于各成员国实际碳排放量，配额不允许结转至下一阶段使用。虽然没有实现降低温室效应的目的（Merritt-Thrasher，2011），但从政策角度证明了交易体系的可实现性。相比减少碳排放，这一时期的市场建设目标更多的是为了让市场体系能够正常运转，让市场主体对该体

① European Commission. Market Stability Reserve [EB/OL]. [2022-11-24]. https://climate.ec.europa.europa.eu/eu-action/euemissions-trading-system-eu-ets/market-stability-reserve_en.

系有更多了解，为下一步执行《京都议定书》奠定基础。

在这一阶段，碳价大幅波动，最高达到30.45欧元/吨，最低0.01欧元/吨，此时超额排放的处罚为40欧元/吨。碳交易市场构建初期碳交易价格在8欧元/吨左右，逐渐增长到2006年4月的30欧元/吨，接下来急速下跌，2007年全年维持在3欧元/吨以下（崔恺媛，2017）。但碳配额交易量逐步上升，2007年欧盟碳期货交易量接近10×10^8吨，较上一年提高了1倍多。

（2）第二阶段（2008~2012年）。覆盖范围除了27个成员国，还包括冰岛、挪威和列支敦士登，工业领域增加覆盖了航空领域，且所控制的温室气体类型仍是二氧化碳。碳配额仍以免费发放为主，但下降了6.5%，其余采取拍卖方式获得。此阶段正式执行了《京都议定书》的相关要求，并取得了较为显著的碳减排效果。

在这一阶段，碳价基本上保持在20欧元/吨以上，并于2008年上升至30欧元/吨左右的高位，此时超额排放的处罚为100欧元/吨。但随着美国的金融危机，碳价再次下降到了10欧元/吨以下。在经济恢复后，欧洲碳价已逐步恢复到15欧元/吨，然而在整个欧洲债务危机中，碳价又回到了10欧元/吨以下。连续遭遇金融危机和欧债危机的冲击，欧洲金融市场震荡加剧，制造业减产，致使实际碳排放量大幅减少。但由于免费分配采用的是历史总量法，且前期碳排放总量处于高位，导致免费配额总量远远大于需求量，使碳价持续走低，最低达到7欧元/吨。为防止出现第一阶段快结束时碳价暴跌近零的局面，欧盟允许配额跨阶段沿用。同时，第二阶段EUA期货成交量持续增长，在2008年达到近20×10^8吨，是上一阶段2007年的2倍；到第二阶段末期，成交量增长至近65×10^8吨，是该阶段初期的3倍多。

（3）第三阶段（2013~2020年）。进一步扩大到31个国家，覆盖行业和覆盖气体进一步扩大，且将二氧化碳捕集、运输和封闭也纳入其中（李大元等，2017）。在配额的分配方法上已经有了很大的变化：排放企业需要通过公开竞拍的方式获得碳配额，且可以使用上一阶段剩余的碳配额，即碳配额“自上而下”进行分配。为了达到 2020 年比 20 世纪 90 年代减少 20%以上的减排目的，欧洲建立了一个统一的碳排放限额，并使其逐年降低 1.74%。在这一阶段，欧盟采取比较灵活的交易机制，允许多个交易平台和多种交易方法并存。

第三阶段的配额仍有过量供应，导致碳价格继续下降，曾下降到 3 欧元/吨以下。为解决该问题，欧洲执委会建议采取“折量拍卖”的方式，将 2016 年底近 9×10^{8} 吨的配额暂时冻结，并于 2020 年底之前进行第二轮拍卖。但是，这一计划并没有从根源上消除“配额过度”的问题，同时，方案实施后欧洲 UA 的价格并没有显著的上升。随着碳价格的不断下跌，欧洲 UA 的年度交易量从 2013~2014 年约 70×10^{8} 吨跌到 2015~2017 年的 50×10^{8} 吨。针对这一情况，欧联在 2015 年提出了设立市场稳定性储备（MSR）的构想。也就是如果在碳市场上流通的配额数量超过了 8.33×10^{8} 吨，那么在竞拍时就会把占现有配额总量 24%的份额放入储备库。在配额量小于 4×10^{8} 吨的情况下，将 1×10^{8} 吨的储备提取出来并投入市场。这一制度在 2018 年被批准后极大地提振了市场的信心，使碳价格迅速回升到 20 欧元/吨以上，欧洲的年度碳交易额在 2018~2019 年回升到了 70×10^{8} 吨以上。自 2020 年初以来，欧洲碳排放总量曾一度下降到 15 欧元/吨，但当年 6 月欧洲碳价迅速回升。随后，随着欧盟计划将 2030 年的温室气体减排目标从 40%提升到 55%，碳价格再次攀升，在 2020 年底突破了 30 欧元/吨，欧洲 EUA 期货的交易量达到了 90×10^{8} 吨。

（4）第四阶段（2021~2030 年）。拍卖方式仍然是所有配额的主要分配方式，且免费分配的基准将会更新和降低两次，并与实际产量紧紧联系在一起，避免产能降低带来分配过剩（普伦蒂斯等，2021）。为了实现阶段性的减排目标，欧洲委员会将碳排放限额由 1.74%提高到 2.2%，制定了更可预见、更公平的碳泄漏（控排企业可能转向非控排地区或管制较为宽松的地区，从而导致总排放量增加）管理规则，提出了各种促进企业低碳创新投入的支持政策。

进入到第四个阶段，得益于 MSR 和欧盟新的排放标准，欧洲碳市场的乐观气氛变得非常强烈，因此，碳价格开始持续地上升，连续突破了纪录，在2022年2月上旬达到了96欧元/吨的新高。2021年，全球碳排放交易更为活跃，EUA年度总交易量超过$100×10^8$吨，成为全球最大的碳排放源。俄乌冲突期间，欧洲碳市场上的碳价格由高到低，短短数日间已降到58欧元/吨，但在这段时间里，欧洲碳市场一直保持着强劲的反弹势头，直到2022年3月末才重新恢复到80欧元/吨，已接近欧盟按照“碳中性”政策制定的目标。在欧洲碳交易中，受短期供应紧张和较高需求的双重作用，2022年8月，欧洲碳市场上的碳价格再度走高，8月19日，EUA期货价格突破了历史新高，接近98欧元/吨。自此以后，由于欧共体的出价已经回到了正常的水准，加上欧洲不断加剧的能源危机，使美国的经济面临更多的下滑。同时，欧洲重新提出了从MSR拿出$200×10^8$吨的碳排放限额的方案，使欧洲碳市场上的碳价格继续下滑。从整体上来说，与2021年的碳价不断上涨的情况相比，2022年的EUA期货在较高的位置上波动较大，其结算价从2022年1月3日的83.63欧元/吨波动到2022年12月30日的81.07欧元/吨，同时，交易的活跃程度也出现了下降，整个年度的EUA期货交易额只有$74.5×10^8$吨（孙雪巍，2024）。

2. 国内发展情况

众多学者从发展现状、成效与未来展望的角度对我国碳交易市场进行了研究与总结（齐绍洲和程师瀚，2024；王科和吕晨，2024；徐东等，2024），此外还有较多研究侧重于我国碳交易市场的政策效应（李磊和卢现祥，2023）与国外碳市场建设启示（索米娅等，2023）。从探索碳市场可行性算起，我国的碳市场发展最早可以追溯至1995年，大体上可划分为早期探索、CDM项目合作、国内区域试点、国家市场启动和发展四个阶段（吕学都等，2023）。

（1）早期探索阶段（1995~2001年）。1995年，《联合国气候变化框架公约》第一次缔约方大会在德国柏林召开，会议通过了关于《试验阶段共同执行活动的决定》（Activities Implemented Jointly under the Pilot Phase，AIJ）。AIJ旨在通过实际项目来检验不同国家之间能否开展项目合作，以较低的成本实现相同的温室气体减排，这个决定成为《联合国气候变化框架公约》下的碳市场的萌芽。

在该决定的指导下，国内由科技部牵头制定和发布了实施“共同执行活动”的管理办法，并与挪威和日本开展了实质性的项目合作。1995~2001年，共执行了4个AIJ项目，分别是“首钢干熄焦项目”“河南商丘热电联产项目”“辽阳铁合金电弧炉项目”“哈尔滨印染厂锅炉改造项目”。通过这些项目，中外专家团队就项目的基准线方法学、额外性评估、项目监测等相关规则和方法开展了全方位的研究，并向《联合国气候变化框架公约》秘书处提供了相关研究成果。值得一提的是，这些项目产生的减排量不计入任何一个国家或任何一个实体，纯粹是为了研究跨国碳交易项目合作的可行性及所需的政策法规和方法论。后来的清洁发展机制（Clean Development Mechanism，CDM）项目方法学，在很大程度上得益于这些早期的实际项目工作提出的方法论。中国通过开展这些试验性的国际合作研究，积累了丰富的国际碳交易合作经验以及微观项目方法论研究成果，为后期参加CDM项目的国际合作奠定了坚实的基础。在开展AIJ项目合作方面，中国的表现显著，尤其是中国项目提交的方法论，为后来CDM项目方法学的发展提供了重要基础。在这当中，中国政府部门的引领和组织协调起到了决定性的作用。

（2）CDM项目合作阶段（2002~2012年）。CDM起源自《京都议定书》第12条。根据这一条款，发达国家在《京都议定书》第一承诺期（2008~2012年）可以通过海外减排机制即CDM以及第6条规定的联合履约（Joint Implementation，JI）来实现其在《京都议定书》的减碳承诺。2001年，《联合国气候变化框架公约》第7次缔约方大会（COP7）在摩洛哥马拉喀什召开，会上制定了实施《京都议定书》的细则，包括批准成立CDM执行理事会及组成人员。从2002年开始，全球启动了CDM项目的实施。同时，中国政府第一时间积极参与CDM合作，并重点推进了以下几个方面的工作：①组织大规模的CDM能力建设培训，培训对象包括中央部委、地方政府、研究院所、中介机构和企业等。目前在碳市场活跃的许多机构都是从参加 CDM 培训开始进入碳市场的，这些机构是国内首批在碳市场实践中的优秀参与者。②编制参与 CDM 合作的规章及一系列相关指导文件，为参与 CDM 合作的国内企业以及来华寻求项目合作的国外企业提供清晰的政策指导和相应的基础服务，如提供官方的电网排放因子等。③在国际层面参与国际规则制定，确保国际规则能够体现和包含中国的国情，在国际层面审查中国项目时能够保证公平合理。在各方的共同努力下，中国 CDM 项目的国际合作从2006 年开始大爆发，到2012 年占据了全球 CDM 项目的一半以上。在这一阶段中，凡是参与中国 CDM 项目合作的机构，无论是中国机构还是国外机构，都有了明显的收获和成长。此外，CDM 项目合作还极大地促进了中国减碳行业技术和装备的快速发展，包括风电、太阳能光伏、小水电、工业余热利用、农村沼气、畜禽废弃物处理、垃圾焚烧发电等领域。中国如今在风能、太阳能领域取得的全球领先地位，在一定程度上也得益于 CDM 机制在这个时期为这些行业提供的额外扶持。中国政府还从 CDM 收益中提取了部分费用建立了中国清洁发展机制基金，该基金已成为促进中国绿色低碳发展举足轻重的基金。

在这一阶段，中国 CDM 项目顺利并快速发展的背后有很多至关重要的因素。一是有明确的、强劲的市场需求。市场上主要需要 CER（核证减排量）的是欧盟和日本的企业。在欧盟和日本政府需要履行《京都议定书》的驱动下，这些国家的部分企业迫切希望能够获得足够低成本的 CER，而中国是最可靠的 CER 供应市场。二是有强大的信用保证。CDM 是经联合国 CDM 执行理事会审批和签发，同时获得主办国政府背书的碳减排信用。事实上，CDM 项目的开发和审核都非常严格（并不否认其中仍存在不少瑕疵，包括一些造假行为）。三是有明确的国际与国内政策的指引。从原则、标准到实施步骤，这些政策都非常清晰明了，且形成了一套适合中国国情的体系。四是政府的协调、组织和推进。中国政府不断完善相关机制，强化统筹协调，深入研究、以点带面推进工作，为中国 CDM 项目的发展提供了良好的政策环境。

（3）国内区域碳市场试点阶段（2013~2020年）。中国在这一阶段一方面积极开展CDM项目国际合作；另一方面政府部门为了确保国家未来能够承担相应的国际碳减排义务，在国内做了必要和周全的准备。2010年9月，《国务院关于加快培育和发展战略性新兴产业的决定》发布，首次提及主要污染物和碳排放交易制度的建立和完善。2011年3月，《中华人民共和国国民经济和社会发展第十二个五年规划纲要》也明确了中国要逐步建立碳市场和推进低碳试点示范工作的目标。同年，国家发展改革委批准在北京、天津、上海、深圳、重庆、广东和湖北7省市开展地方碳交易试点。随后，四川和福建也获得了类似的批准。这些试点覆盖了电力、钢铁和化工在内的20多个行业，涉及约3000家重点排放企业，其发展为我国碳市场领域积累了丰富的经验，为建立全国的碳排放权交易体系奠定了良好的基础。

2012年8月，国家发展改革委发布了《温室气体自愿减排交易管理暂行办法》，推出了国家核证自愿减排（China Certified Emission Reductions，CCER）计划。该计划旨在鼓励国内非控排企业减少碳排放。企业碳减排量需要通过一系列法定程序获得认证和签发（自愿碳减排信用）。这些经认证和签发的自愿碳减排信用可进入国内地方碳交易试点市场及国际碳交易市场，形成了覆盖全国范围的CCER市场、地方碳交易市场、联合国CDM市场、国际自愿碳交易市场并行存在和发展的局面。然而，这一阶段由于《京都议定书》第二承诺期（即《〈京都议定书〉多哈修正案》）直到快结束时才生效，且加拿大和日本明确表示不参与多哈修正案，导致《京都议定书》下的CDM项目所产生的CER失去了需求，进而没有了消纳场景，因此CDM的发展急速下滑。但是，中国的地方碳交易市场特别是深圳、广东和上海却逐渐活跃起来，部分扭转了由于CDM项目停滞导致的碳市场几近停止运转的被动局面。但在地方碳交易市场进行的CCER同样存在消纳有限的问题，如市场需求不足、消纳场景少，2017年CCER机制被暂停实施。

在这一阶段，碳市场的发展特点可总结为以下三个方面：首先，碳减排信用需求出现波动，这充分说明碳减排信用的需求对市场发展的重要性；其次，中国推出的CCER机制尽管一开始受到了市场的追捧，但因缺乏配套的消纳机制和场景，产出与消纳失衡，该机制难以持续稳定运行；最后，地方碳交易市场进行了多样化的探索实践，如配额的拍卖、免费分配、碳普惠机制等，并设计了碳期货、碳质押等碳金融产品和工具以促进碳金融发展，为中国碳交易市场的建立打下了坚实的基础。

（4）国家碳市场启动和发展阶段（2021年至今）。2021年1月，中国生态环境部发布了《碳排放权交易管理办法（试行）》，2021年7月16日，全国统一的碳交易市场正式启动，这是我国碳排放交易制度发展的里程碑。在推进国家碳市场建设和运营的进程中，电力行业首先被纳入，未来碳市场将逐步扩展至石化、化工、建材、钢铁、有色金属、造纸和民航七大行业。因覆盖的管控企业的总排放量巨大，中国国家碳市场建立伊始就成为全球规模最大的碳现货市场（基于覆盖的碳排放），且呈现出国家碳市场、地方试点碳市场以及自愿碳市场并行运作的局面。经过两年的发展，中国碳市场的基本框架已初步形成，市场运行总体平稳，交易规模持续扩大。最重要的是，碳市场不仅在引导企业降低碳排放和为碳排放定价上发挥了关键作用，也基本实现了中国建立碳市场的初始目标、定位和预期。具有巨大体量的国家碳市场在整体运营中起到主导作用，地方碳市场则在激励本地区的企业、机构甚至个人的碳减排上起到了显著作用。

然而，在第一履约周期中，国家碳市场在运营中也暴露出了一系列问题，其中三个现象尤为明显：一是交易呈现“潮汐”特征，即交易通常在临近履约末期集中发生，而平日交易相对稀少；二是企业出售碳配额意愿不强，普遍表现出“惜售”现象，这可能与交易制度的设计及国家对企业的监管相关；三是主要以大宗合约交易为主。针对这些现象，需深入研究并逐步采取措施从根本上加以解决。下文将进一步探讨这些问题的原因及可能的解决办法。

二、绿色供应链介绍

（一）绿色供应链的产生和发展

1. 萌芽（20世纪90年代）

20世纪90年代，人们开始意识到供应链的各个环节，包括产品设计、原材料采购、生产、运输、销售和消费等都会对环境产生影响，因此需要在整个供应链中综合考虑环境影响和资源效率。

1994年，管理学家韦伯提出绿色采购的概念，强调在采购过程中关注环境因素，选择符合环保要求的原材料和产品，这一思想为绿色供应链的发展奠定了基础。1996年，美国密歇根州立大学的制造研究协会在“环境负责制造”（Environmentally Responsible Manufacturing，ERM）的研究中首次提出了绿色供应链的概念，并明确了其定义和内涵，这标志着绿色供应链理论体系的初步形成（宋志国和贾引狮，2009）。

2. 初期响应（21世纪前后）

进入21世纪，随着全球气候变化和环境污染问题日益突出，各国政府开始逐渐认识到绿色供应链管理的重要性。在这一阶段，许多国家和地区开始倡导并推动绿色供应链的发展。例如，一些国际组织和行业协会开始制定绿色供应链的标准和规范，为企业提供指导和支持。

同时，一些具有前瞻性的企业开始积极响应，尝试将绿色理念融入供应链管理中。这些企业开始关注原材料的环保性、生产过程的清洁性、物流运输的低碳性等，通过技术创新和流程优化来降低供应链对环境的影响。

3. 政策驱动与立法强化（21世纪初）

随着绿色供应链管理理念的普及，各国政府开始立法和制定相关政策来规范其发展。欧盟、美国、中国等国家和地区纷纷出台相关的政策法规，要求企业在供应链中实现环境保护、资源节约和经济效益的三方面协同。例如，欧盟于2002年11月通过WEEE及RoHS指令，于2003年2月13日正式公告十大类电机电子设备的回收标准，并于2006年7月要求十大类电机电子设备中不得含有铅（Lead）、镉（Cadmium）、汞（Mercury）、六价铬（Hexavalent Chromium）、溴化耐燃剂（Polybrominated Biphenyls，PBB）、多溴联苯醚（Polybrominated Diphenyl Ethers，PBDEs）6种物质；中国于2007年10月第十届全国人民代表大会常务委员会第三十次会议修订《中华人民共和国节约能源法》等。

这些政策法规不仅规定了企业的环保责任和义务，还提供了相应的激励和惩罚措施，以推动企业积极实施绿色供应链管理。

4. 认证标准与评估体系建立（21世纪10年代）

为进一步推动绿色供应链的发展，各国开始建立认证标准和评估体系来评估和证明企业的环保成果和贡献。例如，国际标准化组织于2011年发布国际标准、各国政府或行业协会纷纷发布绿色供应链认证标准、评估报告等。在这一阶段，ISO50001能源管理体系认证、GB/T 33635-2017制造企业绿色供应链管理导则逐渐被广泛接受和应用，这些标准不仅关注企业的环保绩效和过程改变，还注重企业的社会责任和可持续发展，以更好地推动本土企业的绿色化发展。

5. 绿色创新与数字化转型（21世纪20年代）

进入21世纪20年代，绿色偏好的市场需求为企业实施绿色供应链管理提供了强大助力。为了满足消费者的需求并赢得市场份额，越来越多的企业开始将绿色理念融入产品设计和生产过程中，推出更多符合环保要求的产品。同时，随着数字技术的不断进步和数字化转型的加速推进，越来越多消费者开始表现出绿色偏好，绿色供应链管理也迎来了新的发展机遇。大数据、物联网、人工智能等新技术可以更好地帮助企业监测和管理供应链中的环境风险，提高供应链的透明度和可追溯性，优化生产流程，降低能耗和排放，提高资源利用效率，从而实现绿色供应链的可持续发展

（刘海建等，2023）。

绿色供应链的发展历程是一个从萌芽到发展再到成熟的过程，随着环境问题的日益严重和可持续发展战略的提出，绿色供应链将得到更广泛的关注和发展，绿色供应链未来将成为企业实现可持续发展和赢得市场竞争优势的重要途径之一。

（二）绿色供应链的管理目标

绿色供应链管理是指在传统供应链管理的基础上，将环境保护与可持续发展纳入企业供应链管理中，以减少对环境的负面影响，提高资源利用效率，实现经济效益与环境效益的有机结合。其目标具体包括以下几个方面：

1. 环境可持续性

绿色供应链的首要目标是实现环境可持续性，这包括减少供应链的碳排放、能源消耗和废弃物产生，通过优化产品设计、生产流程和物流系统，减少对自然资源的消耗和对环境的负面影响。

2. 资源高效利用

绿色供应链致力于提高资源利用效率，通过循环使用、废物管理和回收再利用等手段，减少资源的浪费，降低生产成本，并推动循环经济的发展。

3. 产品环境友好性

绿色供应链要求生产出的产品具备环境友好性，即产品在设计、生产和使用过程中尽可能减少对环境的负面影响。这包括使用环保材料、降低产品能耗、减少有害物质的排放等（孙楚绿和慕静，2017）。

4. 供应链透明度

绿色供应链强调供应链的透明度，要求企业公开其供应链的环境影响信息，包括碳排放、能源消耗、废弃物产生等。这有助于企业识别环境风险，促进供应链的持续改进，并提升企业的社会责任感和公信力（沈洪涛等，2019）。

5. 社会责任和合规性

绿色供应链要求企业履行社会责任，遵守相关的环保法规和标准，这包括确保供应链的合规性，避免使用非法或不合规的材料和工艺，保障员工的权益和安全以及维护社区的和谐稳定（林志炳，2022）。

6. 创新和技术进步

绿色供应链鼓励企业采用创新的技术和方法，推动供应链的绿色转型，这包括引入清洁能源、提高能源利用效率、开发环保材料、优化物流系统等，以降低供应链的环境影响并提高企业的竞争力（韩文博，2024）。

（三）绿色供应链企业的决策优化

绿色供应链不仅有助于企业降低环境污染、提高资源利用效率，还能增强企业的品牌形象和市场竞争力。因此，企业需要在决策过程中充分考虑绿色因素，实现经济效益、环境效益和社会效益的协调发展。绿色供应链下企业的决策优化涉及以下内容：

1. 供应商选择与管理（杨旭，2023）

（1）建立绿色供应商评价标准。企业应制定明确的绿色供应商评价标准，包括环保资质、产品质量、生产过程中的环境影响等因素。通过综合评价，选择符合企业绿色发展要求的供应商。

（2）与供应商建立长期合作关系。与供应商建立长期稳定的合作关系，有利于企业获取更稳定的原材料供应，降低采购成本。同时，双方可以共同制定环保目标和指标，推动供应链的绿色化。

（3）对供应商进行环保培训。为了提高供应商的环保意识，企业可以组织环保培训活动，向供应商传授环保知识和技能，帮助他们提升环保水平。

2. 绿色生产原则（陈婉婷，2024）

（1）优化生产工艺。企业应不断研发新的生产工艺，降低能源消耗和废弃物排放，如采用清洁能源、提高设备效率、优化生产流程等方法。

（2）使用环保材料。在产品设计阶段，企业应尽可能使用环保材料，如可降解材料、无毒无害材料等，这有助于降低产品对环境的影响，提高产品的环保性能。

（3）实施绿色包装。企业应采用可循环再利用的包装材料，减少塑料包装的使用，同时，优化包装设计，减少包装材料的浪费。

3. 绿色物流与配送（冯艳玲和黄林迪，2023）

（1）优化运输路线。企业应合理规划运输路线，减少运输距离和运输时间，同时，采用多式联运、共同配送等方式提高运输效率，降低运输成本。

（2）推广绿色运输方式。企业应采用绿色运输方式，如电动车、氢能源车等，减少碳排放和能源消耗。

（3）采用绿色包装材料。在物流过程中，企业应使用环保包装材料，如纸质包装、可降解塑料等，同时，优化包装设计，减少包装废弃物的产生。

4. 产品回收与再利用

（1）建立产品回收体系。企业应建立完善的产品回收体系，收集废旧产品进行分类处理，对于可再利用的零部件和材料，应进行再加工和再利用。

（2）推广循环经济模式。企业应积极推广循环经济模式，将废旧产品转化为新的资源，实现资源的循环利用，这不仅可以降低企业的生产成本，还有助于减少环境污染和资源浪费。

（3）开展合作与共享。可以与其他企业或机构开展合作与共享，共同建设产品回收和再利用平台，提高资源利用效率。

5. 信息技术应用（张梅等，2024）

（1）建立绿色供应链信息系统。企业应建立绿色供应链信息系统，实现供应链各环节的信息共享和协同管理。通过实时数据收集和分析，企业可以全面掌握供应链的绿色运行情况，及时发现问题并进行改进。

（2）利用大数据和云计算技术。企业应利用大数据和云计算技术，对供应链进行智能化管理。通过对海量数据的分析和挖掘，企业可以发现供应链中的潜在问题并提出解决方案，实现供应链的持续优化。

（3）推广物联网技术。物联网技术可以实现供应链各环节的实时监控和智能控制。通过物联网设备的应用，企业可以实时掌握产品的生产、运输、销售等情况，提高供应链的协同效率和绿色水平。

绿色供应链下企业的决策优化是一个复杂而重要的过程。通过优化供应商选择与管理、绿色生产原则、绿色物流与配送、产品回收与再利用以及信息技术应用等措施，企业可以降低环境污染和资源浪费，提高经济效益和市场竞争力。同时，绿色供应链还有助于企业树立绿色品牌形象，增强消费者的信任度和忠诚度。因此，企业应积极拥抱绿色供应链理念，将其纳入企业战略规划中，推动企业的可持续发展。

第二部分

宏观视角下的碳交易影响

第二章

碳交易对中国生态环境的影响

一、研究假说与作用机理的提出

（一）减排效应研究假说

碳交易是政府主导、市场驱动的制度安排，以期通过立法和市场协调实现稳定高效的碳减排。中国政府根据社会需求制定碳排放总量，以实现宏观减排目标，然后将碳排放总量层层分配给微观主体，超过此配额的排放量须从政府或市场购买，否则将受到相关规定的处罚，微观主体的额外惩罚成本会调动其高效利用碳排放配额（黄向岚等，2018）。因此，碳交易可以形成有效的市场配置，让减排成本较低的企业多减排，让减排成本较高的企业少减排，从而在减排总成本最小化的同时实现整个社会碳减排。基于上述分析，本书提出：

假说 2-1： 碳交易政策有助于降低碳排放。

受信息传递以及企业行为调整等因素影响，碳交易政策并不一定会当期生效，政策影响具有滞后性。企业的战略调整和地区的污染减排均具有长期性和渐进性，政策的影响也可能随着时间的推移而变化（李胜兰和林沛娜，2020）。基于以上分析，为了深入剖析政策实施的进程和效果，对碳交易政策影响的动态效应进行探究，本书提出：

假说 2-2：*碳减排存在累积的动态效应。*

若我国试点地区的碳交易能够有效降低碳排放，那么是通过何种途径实现的？我国碳排放主要来自企业生产过程中的化石能源消耗。在碳配额约束下，企业采取的减排措施主要有三种：一是优化能源结构。减少高碳化石能源消耗，增加低碳清洁能源（如天然气、水电和核能）使用。二是提高能源效率。实现清洁生产，减少碳排放。三是绿色技术创新。碳交易政策通过预期绿色技术创新带来的经济收益（李胜兰和林沛娜，2020），激励企业创新意愿，推动企业技术创新。基于上述分析，对于碳交易政策的减排机制，本书提出：

假说 2-3：*碳交易通过减少能源消耗促进碳减排。*

假说 2-4：*碳交易通过提高能源效率促进碳减排。*

假说 2-5：*碳交易通过推动技术创新促进碳减排。*

（二）碳交易的减排机理

为保证经济收益，碳排放主体在配额约束下会考虑调整能源消费结构，提高清洁能源的使用，降低高碳排能源的使用，从而在碳配额约束下满足生产需求。

机理 2-1：*碳交易—优化能源结构—降低碳排放。*

碳配额约束与碳排放权的市场化，会倒逼企业降低高碳排能源的需求，从而实现碳减排。但是，值得一提的是，如果碳市场交易不活跃、碳价偏低，在利益最大化目标下，企业并不会减少能源消耗。

机理 2-2：*碳交易—控制能源消耗—降低碳排放。*

碳排放权可以在碳市场自由交易，如果从技术改进中节省的内部成本低于直接购买碳配额的成本，那么企业将从碳配额销售中获利，碳交易带来的可预期收益将会刺激企业改进低碳技术，从而提高企业的经济利润及市场竞争力。事实上，碳交易政策是加速企业绿色生产创新的重要推动力

(Rogge et al., 2011)。但是，如果减排技术成本超过其碳交易收益，企业研发积极性则会降低。

机理 2-3：碳交易—促进技术创新—降低碳排放。

二、数据分析

（一）数据来源

本章的样本数据为2007~2019年中国30个省份的面板数据。由于数据的充分性、时效性及可获得性的要求，暂不考虑西藏和港澳台地区。

二氧化碳排放量测算所采用的各种化石能源的消费量及各地区能源消费总量数据源于历年《中国能源统计年鉴》。化石能源二氧化碳排放系数主要参考IPCC（2006）推荐的公式来计算。在政策减排效应评估模型中引入的各控制变量原始数据均源于历年《中国统计年鉴》及国家统计局数据库。用来表征环境规制强度中用到的各地区工业污染治理投资完成额数据源于历年《中国环境统计年鉴》。以下对各参数及数据来源进行具体说明。

1. 二氧化碳排放量

依据IPCC提供的公式进行计算，选用7种化石能源，通过将能源消费量乘以相应的二氧化碳排放系数得到各省的二氧化碳排放量。本书未包含原油，因为原油大多是用来炼制其他石油产品，其中大部分转化为焦炭和汽油、煤油等二次能源，只有当二次能源再次被使用时才会产生二氧化碳排放量（张同斌和刘琳，2017）。

$$CE = \sum_{i=1}^{7} CE_i = \sum_{i=1}^{7} E_i \times CF_i \times CC_i \times COF_i \times 3.67$$

式中，CE 为各省的二氧化碳排放量；i 为能源消费种类，包括煤炭、焦炭、汽油、煤油、柴油、燃料油和天然气；E_i 为地区第 i 种化石能源的消费总量；CF_i 为发热值；CC_i 为碳含量；COF_i 为碳氧化率；3.67 为按分子量将碳排放折算成二氧化碳排放。其中热值数据源于《综合能耗计算通则》，碳含量及碳氧化率源于《省级温室气体清单编制指南》。根据公式，化石能源的二氧化碳排放系数如表 2-1 所示。

表 2-1　化石能源的二氧化碳排放系数

能源名称	碳含量（tC/万亿焦耳）	热值数据（万亿焦耳/万吨或万亿焦耳/亿立方米）	碳氧化率（%）	二氧化碳排放系数（万吨二氧化碳/万吨或万吨二氧化碳/亿立方米）
煤炭	27.28	178.24	0.923	1.647
焦炭	29.41	284.35	0.928	2.848
汽油	18.90	448.00	0.980	3.045
煤油	19.60	447.50	0.986	3.174
柴油	20.17	433.30	0.982	3.150
燃料油	21.09	401.90	0.985	3.064
天然气	15.32	3983.10	0.990	21.670

化石能源消费二氧化碳排放量变化趋势如图 2-1 所示，2007~2019 年二氧化碳排放量总体呈现升高趋势，从 2007 年的 23505.62 万吨增加至 2019 年的 35975.18 万吨，年均增长率为 3.61%。

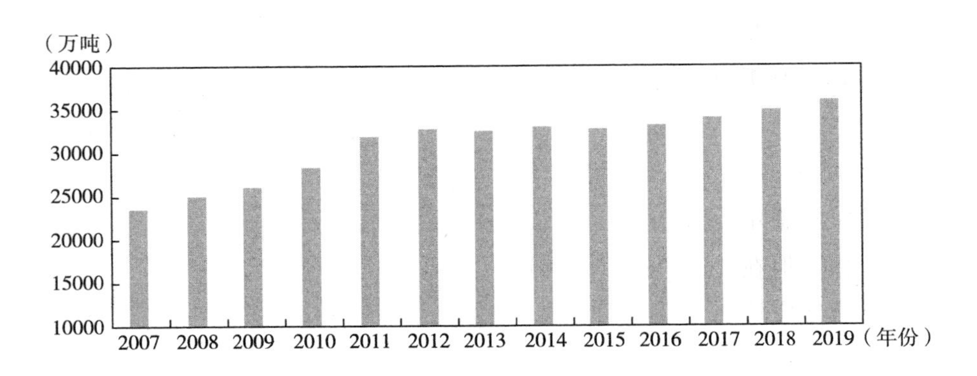

图 2-1　全国化石能源消费二氧化碳排放量变化趋势

区分实验组和对照组后，二氧化碳排放结果如图 2-2 所示，实验组自 2011 年后开始下降，对照组和全样本变动趋势类似，2012 年后增速放缓，但 2017 年后又呈明显增势。同时，在试点前（2013 年）实验组和对照组基本具有相同的趋势，可以初步判定具有平行趋势，为后续使用倍差法测量减排效应提供了依据。

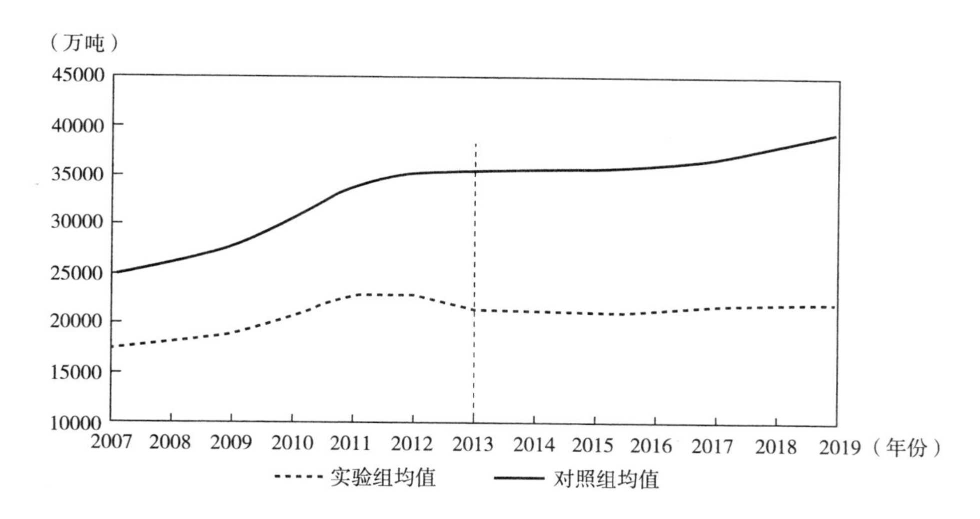

图 2-2　实验组与对照组二氧化碳排放量

2. 工业增加值

全国地区工业增加值变化趋势如图 2-3 所示，2007~2019 年全国工业增加值总体呈现升高趋势，从 2007 年的 3868. 483 亿元增加至 2019 年的 10409. 61 亿元，年均增长率为 8. 60%。

实验组和对照组的工业增加值时间趋势如图 2-4 所示。从图中可以看出，在政策实施年份（2013）之前，实验组和对照组的工业增加值变动趋势大体一致，但在政策实施后，两组的差距逐渐拉大。因此，可以初步判断两组在政策实施前基本满足平行趋势假定，2013 年之后趋势线的差异基本判断是由碳排放权交易试点造成的。

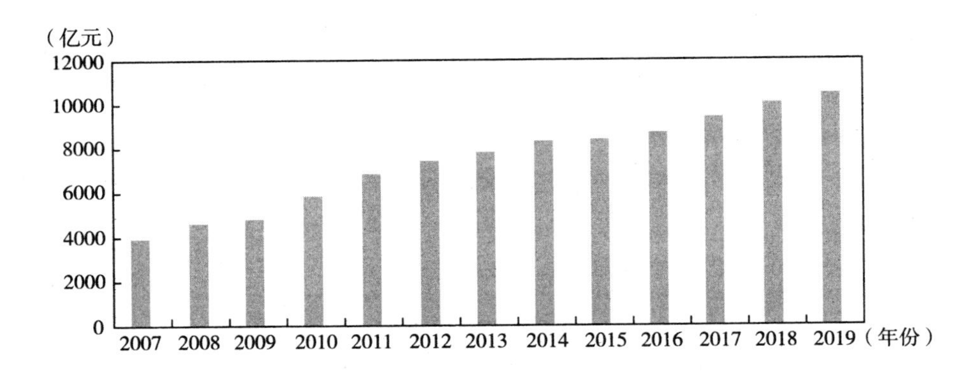

图 2-3　全国工业增加值变化趋势

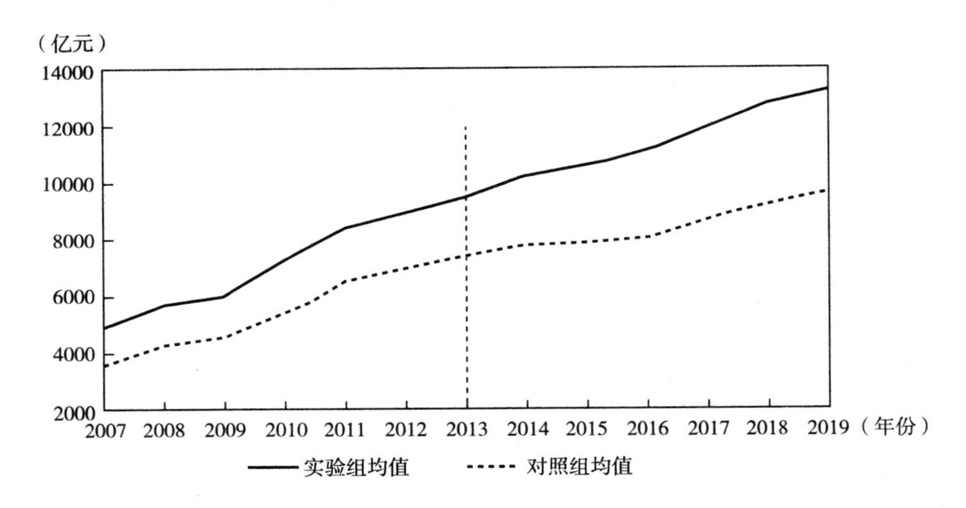

图 2-4　实验组与对照组工业增加值

3. 核心解释变量

关于碳交易政策的环境经济效应的虚拟变量 $du \times dt$ 是模型的目标解释因素，其为该地区是否为碳排放权交易试点省份（du）和是否处于政策实施时间段内（dt）的交互变量，其中 du、dt 均为二分变量（是，取值为 1；否，取值为 0），交互后，其将产生不同组合的变化（见表 2-2）。

表 2-2　核心解释变量

指标	含义	值	取值含义
du	该地区是否为碳交易政策试点省份	0	该地区不属于碳交易试点省份
		1	该地区属于碳交易政策试点省份
dt	政策实施时间虚拟变量	0	政策实施前的年度
		1	政策实施后的年度
$du \times dt$	该地区是否为碳排放交易试点省份的同时，是否处于碳排放权交易实施年度内	0	该地区要么为非试点省份，要么不在政策实施年度内
		1	该地区为试点省份且在政策实施年度内

4. 减排效应控制变量

为了控制除政策因素以外的其他因素对减排效应的影响，根据 IPAT 模型 $I=P \times A \times T$（I 表示环境压力；P 表示人口规模；A 表示富裕程度；T 表示技术进步），本书的环境压力用二氧化碳排放量表征，根据该模型，一个地区的二氧化碳排放主要由其人口规模、经济增长和技术水平决定。因此，本书减排效应模型主要考虑引入如表 2-3 所示的控制变量：

（1）人口规模（ln*popu*）。人口规模通过总量效应和创新效应双向影响环境：一方面，人口总量的增长导致能源需求和能源消费的增加，以及森林破坏、土地利用方式改变等，从而增加了二氧化碳的排放；另一方面，人口增长会促进技术创新，从而减轻对环境的负面影响，减缓二氧化碳排放（李国志和李宗植，2010）。故若人口增长带来的环境压力大于技术创新带来的正面影响，则 ln*popu* 系数为正，反之 ln*popu* 系数为负。

（2）经济增长（ln*pgdp*）。经济增长通过规模效应、技术效应和结构效应影响二氧化碳排放，前者会增加二氧化碳排放，而后两者则会抑制二氧化碳排放。根据环境库兹涅茨曲线（EKC）理论，二氧化碳排放量会随着经济的增长呈现倒“U”型、正“N”型等非线性关系，因此本书也纳入其二次项和三次项[$(\ln pgdp)^2$、$(\ln pgdp)^3$]作为控制变量，以检验碳排放与经济增长之间的关系，验证 EKC 曲线理论假说（周塔尔才让，

2014）。

（3）技术水平。技术进步一般可以通过三种途径影响二氧化碳排放（李国志和李宗植，2010）：一是由于大量节能产品的生产和应用，减少了人类对化石能源的消费，进而减少了二氧化碳的排放。因此，本书引入产业结构高级化程度（ln*stru*），用第三产业增加值与第二产业增加值的比值表征，第三产业占比越高，表示经济增长对化石能源的依赖程度越低。二是随着技术水平的提高，经济发展方式从以能源为要素投入向以知识为要素投入转变。因此，本书引入服务业发展水平（ln*serv*），服务业占比的增加会抑制二氧化碳的排放。三是整体煤气化联合循环、风力发电等新技术的开发利用增加了对可再生等非化石能源的利用，从而提高能源利用效率，降低二氧化碳排放。因此，本书引入技术进步（ln*tech*），绿色低碳技术的创新会抑制二氧化碳的排放。

表 2-3 减排效应模型控制变量（*Control*1）

变量名称	变量符号	单位	指标含义
人口规模	ln*popu*	万人	各地区年末总人口数的对数值
人均 GDP	ln*pgdp*	元/人	地区实际人均 GDP（以 2007 年为基期指数平减）
产业结构高级化程度	ln*stru*	—	第三产业增加值/第二产业增加值的比值
服务业发展水平	ln*serv*	—	第三产业增加值/地区生产总值
技术进步	ln*tech*	亿元	各地区技术市场成交额

（二）减排效应模型变量描述性统计分析

表 2-4 是减排效应模型中变量数据的描述性统计分析。

表 2-4 减排效应模型变量描述性统计分析

变量	全样本			实验组			对照组		
	样本量	均值	标准差	样本量	均值	标准差	样本量	均值	标准差
CE	390	31047.45	21966.49	78	20989.46	11710.33	312	33561.95	23192.21

续表

变量	全样本			实验组			对照组		
	样本量	均值	标准差	样本量	均值	标准差	样本量	均值	标准差
popu	390	4510.63	2724.10	78	8.081	0.692	312	4581.62	2561.95
pgdp	390	39917.24	22658.02	78	10.658	0.538	312	34127.17	16541.81
serv	390	0.4461	0.0962	78	0.239	0.536	312	0.4217	0.0634
stru	390	1.0937	0.6255	78	-0.664	0.242	312	0.9695	0.3599
tech	390	278.81	632.04	78	5.810	1.244	312	133.16	229.67

三、减排效应模型

双重差分模型（Difference-In-Difference，DID）是学界较为普遍的政策实施效果定量评估工具，其基于自然试验数据，通过建模将大多除干预因素以外的其他因素影响精确剔除，以更好控制研究对象间的事前差异，从而将政策影响的结果更加真实、有效地分离出来。而加入控制变量时又能明显地阻断实验组和对照组中其他非问题项目的干扰来弥合差距，克服样本分配在自然试验中不随机的漏洞（张超，2020）。其基准回归模型如下：

$$Y_{it}=\alpha_0+\alpha_1 du+\alpha_2 dt+\alpha_3 du\times dt+\varepsilon_{it}$$

式中，du 为分组虚拟变量（实验组取值为 1，否则为 0），dt 为政策实施时间虚拟变量（政策实施后取值为 1，否则为 0），$du\times dt$ 为交互项，α_3 反映了政策实施的净效应（DID）。具体政策效应如图 2-5 和表 2-5 所示。

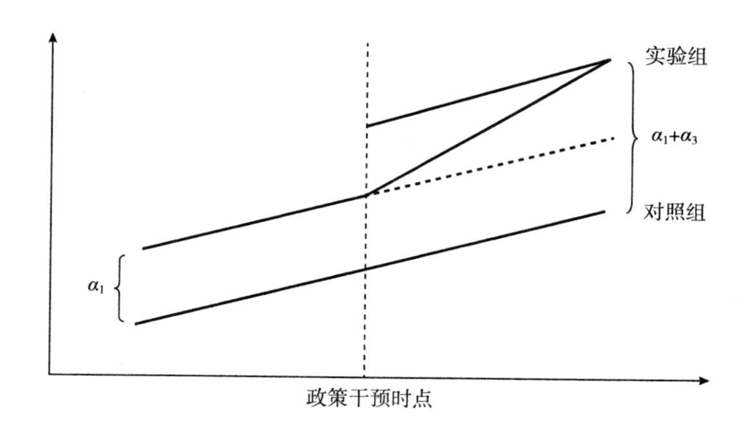

图 2-5 政策效应示意

表 2-5 政策实施效应

指标	政策实施前	政策实施后	区别
实验组	$\alpha_0+\alpha_1$	$\alpha_0+\alpha_1+\alpha_2+\alpha_3$	$\nabla Y_t=\alpha_2+\alpha_3$
对照组	α_0	$\alpha_0+\alpha_2$	$\nabla Y_c=\alpha_2$
区别	α_1	$\alpha_1+\alpha_3$	$\nabla\nabla Y=\nabla Y_t-\nabla Y_c=\alpha_3$（DID）

以我国的碳交易试点市场作为建模的现实基础，将其视为一个准自然实验，在模型中，将试点省份作为碳市场政策实施过程中的模型实验组，而将非试点省份作为模型对照组，通过观察组间差异，以得到政策实施的净效应。具体来说，以 2007~2019 年的各省份面板数据为研究对象，将北京、天津、上海、湖北、武汉、广东 6 个试点地区（由于深圳市属于广东省，因此并入广东省进行研究）作为政策影响实验组，其余 24 个省份为对照组（因数据的可得性，不包含西藏、港澳台地区）。将 2013 年作为基年，其以前的时间区间设置为非试点期，之后的时间区间设置为试点期。

减排效应双重差分基本模型如下：

$$\ln CE_{it} = \beta_0 + \beta_1 du \times dt_{it} + \sum \beta_j Control1_{jit} + \lambda_i + \gamma_t + \varepsilon_{it} \tag{2-1}$$

式中，CE_{it} 为各地区二氧化碳排放量；i、t 分别为地区、时间；$du\times dt_{it}$ 为碳交易政策效应的虚拟变量，当且仅当碳交易试点省份在政策实施期内时值为 1，其余值为 0；λ_i 为地区固定效应；γ_t 为时间固定效应；ε_{it} 为随机扰动项；β_1 为政策净效应，是本书所关注的政策环境效果；$Control1_{jit}$ 为本模型中的控制变量，分别代表人均实际 GDP、人口规模、产业结构高级化程度、服务业发展水平、技术市场成交额。除虚拟变量外，其余变量均取对数值。

四、碳交易政策的减排效应评估

（一）减排有效性检验

为检验理论假说 2-1，在规避地区和时间影响后，采用双向固定对模型（2-1）进行回归分析，估计结果列于表 2-6 中。

表 2-6　碳排放权交易政策的减排效应：基准回归结果

变量	(1)	(2)	(3)
$du\times dt$	-0.1855*** (0.0290)	-0.2215*** (0.0290)	-0.1858*** (0.0305)
ln*pgdp*	—	126.6459*** (21.2805)	785.6848*** (187.6221)
(ln*pgdp*)^2	—	-29.6859*** (5.2369)	-342.8420*** (89.2462)
(ln*pgdp*)^3	—	0.0008*** (0.0004)	0.0004 (0.0004)
ln*popu*	—	—	79.9589*** (22.9283)

续表

变量	(1)	(2)	(3)
ln*serv*	—	—	0.4991* (0.2699)
ln*stru*	—	—	-0.3662** (0.1437)
ln*tech*	—	—	-0.0406*** (0.0116)
常数项	9.7917*** (0.0210)	-125.7457*** (21.6773)	-780.7660*** (187.1248)
时间固定效应	是	是	是
地区固定效应	是	是	是
样本量	390	390	390
Within-R^2	0.6270	0.6782	0.7027

注：*、**、***分别表示在10%、5%、1%水平显著。括号内为t值。下同。

表2-6中的第（1）列为不加入控制变量（*Control*1）的回归结果，*du*×*dt*的回归系数在1%的水平显著为负，表明相对于对照组而言，碳交易政策可以有效降低试点省份的二氧化碳排放量；第（2）列加入经济控制变量，结果显示，*du*×*dt*的回归系数依旧在1%水平显著为负，且人均实际GDP一次项、二次项和三次项也均显著，系数分别为126.4659、-29.6859和0.0008，表明我国二氧化碳排放与经济发展水平之间存在正“N”型的曲线关系，验证了环境库兹涅茨曲线假说；第（3）列中加入人口、经济、技术三个方面的控制变量，此时碳交易政策的系数大小与显著性并没有发生很大变化，且仍然显著为负。碳交易政策可以有效地减少二氧化碳的排放，验证了假说2-1。其中，人口规模的系数为正，表明人口增长带来的环境压力未能抵消技术创新带来的正面影响。

（二）适用性检验

1. 平行趋势及动态效应检验

双重差分法进行政策效应研究时需要满足平行趋势假设（CT假设），

即要求实验组和对照组在政策实施前具有相同的变动趋势。因此，在模型（2-1）的基础上，加入动态效应检验变量以检验减排效应模型是否满足平行趋势：

$$\ln CE_{it} = \beta_0 + \beta_1 du \times dt_{it} + \sum_{t=2007}^{2012} \beta_t D_{it} + \sum \beta_j Control1_{jit} + \lambda_i + \gamma_t + \varepsilon_{it}$$

式中，$du \times dt_{it}$ 是政策虚拟变量，当 t 为 2013～2019 年且为 i 试点地区时变量取值为 1，其余为 0；D_{it} 是政策动态效应的虚拟变量，当 i 为试点省份且在年份 t 时，$D_{it}=1$，否则值为 0。基本原理为，假设碳交易政策在 2007～2012 年实行，若 D_{it} 的回归系数未能通过显著性检验，则说明在碳交易政策实施前，实验组和对照组的碳排放变动趋势相同，满足 CT 假设。

由于政策的效应释放会随时间变化，在模型（2-1）的基础上，构建如下动态效应检验模型以检验碳排放权交易政策实施的动态减排效应：

$$\ln CE_{it} = \beta_0 + \sum_{t=2013}^{2019} \beta_t du \times dt_{it} + \sum \beta_j Control1_{jit} + \lambda_i + \gamma_t + \varepsilon_{it}$$

式中，$du \times dt_{it}$ 为碳交易政策动态效应的虚拟变量，地区为政策试点且在年份 t 时，$du \times dt_{it}=1$，否则 $du \times dt_{it}=0$；$Control1_{jit}$ 为本模型中的控制变量，包括人口规模、人均实际 GDP、产业结构高级化程度、服务业发展水平、技术市场成交额。

在表 2-7 第（1）列中，D_{2007}～D_{2011} 的系数均未通过显著性检验，说明双重差分模型满足平行趋势假定。在第（2）列中，2013～2019 年 $du \times dt_{it}$ 的系数均显著为负且绝对值逐年递增，这表明碳交易政策对二氧化碳排放的抑制作用呈现一个累积的动态效应，抑制作用逐年增强，假说 2-2 成立。

表 2-7　平行趋势及动态效应检验结果

（1）			（2）		
变量	估计系数	P 值	变量	估计系数	P 值
D_{2007}	0.0590	（0.260）	$du \times dt_{2013}$	-0.1637***	（0.002）

续表

(1)			(2)		
变量	估计系数	P 值	变量	估计系数	P 值
D_{2008}	0.0279	(0.136)	$du \times dt_{2014}$	-0.1621***	(0.003)
D_{2009}	—		$du \times dt_{2015}$	-0.1652***	(0.002)
D_{2010}	-0.0284	(0.392)	$du \times dt_{2016}$	-0.1700***	(0.002)
D_{2011}	-0.0915	(0.172)	$du \times dt_{2017}$	-0.2156***	(0.000)
D_{2012}	-0.1295*	(0.079)	$du \times dt_{2018}$	-0.2183***	(0.000)
$du \times dt$	-0.2268***	(0.010)	$du \times dt_{2019}$	-0.2341***	(0.000)
常数项	-731.8182	(0.217)	常数项	-804.0235***	(0.000)
Within-R^2	0.7117		Within-R^2	0.7048	
控制变量	是		控制变量	是	
地区固定效应	是		地区固定效应	是	

2. PSM-DID 检验

为消除样本选择偏差，本书采用倾向得分匹配双重差分（PSM-DID）进行稳健性检验，思路为首先确定对结果变量有重要影响的协变量，以提高估计精度，其次定义相似性，在实验组和对照组中进行筛选，基于倾向得分进行匹配，选出两组中特征相似的地区，最后在诊断完匹配效果后进行双重差分回归。

前文已确定对二氧化碳排放有重要影响的协变量（*Control*1），其匹配前后的标准化偏差如图 2-6 所示，其中 • 和×分别代表实验组和对照组匹配前和匹配后的差异度，结果显示匹配后协变量的标准化偏差明显缩小。图 2-7 为 PSM 后共同取值范围图，图中显示匹配后的大部分观测值落在了共同取值范围内。在回归估计时，落在共同取值范围外的少量观测值会被剔除，这样虽然损失了一定样本量，但保证了待估计系数的准确性，这些结果可以说明上述 PSM 处理的数据适合进行双重差分实证检验。

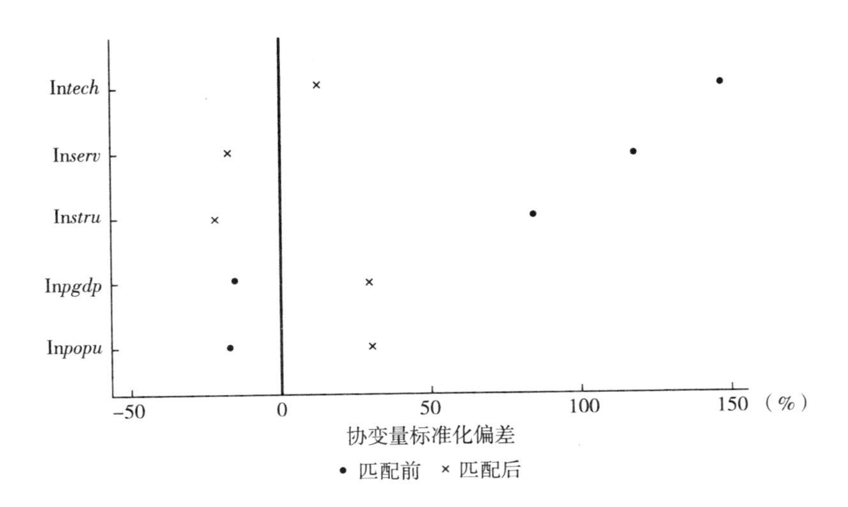

图 2-6　PSM 后协变量偏差

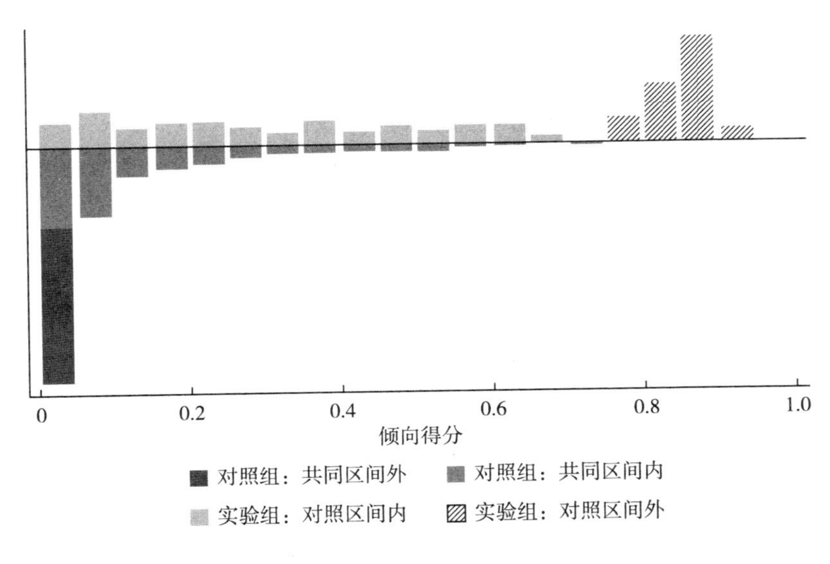

图 2-7　PSM 后共同区间范围

表 2-8 为倾向匹配得分后双重差分回归结果，比起基准回归，政策交互项的回归系数绝对值虽有降低，但依旧通过了显著性检验。当引入经济

控制变量时，$du \times dt$ 回归系数为-0.1353，当所有控制变量加入时，系数为-0.1326，均在1%的水平显著为负。因此，我国碳排放权交易试点政策有效降低了二氧化碳排放量这一结论是较为稳健的。

表 2-8　PSM-DID 回归结果

变量	(1)	(2)	(3)
$du \times dt$	-0.1472*** (0.0300)	-0.1353*** (0.0306)	-0.1326*** (0.0291)
控制变量	否	是	是
时间固定效应	是	是	是
地区固定效应	是	是	是
样本量	390	390	390
Within-R^2	0.6695	0.7027	0.7301

（三）碳交易对碳排放的影响机制检验

上文的分析表明碳交易试点政策有效降低了试点地区的二氧化碳排放量，但其作用机制还不明确。前文机制分析部分已阐述，碳排放权交易政策通过减少能源消耗、优化能源结构、促进企业技术创新，促进地区二氧化碳减排。为了检验这一传导机制，本书选取能源消费总量（$\ln E$）、能源效率（$\ln ener$）和技术市场投资额（$\ln tech$）三个指标分别对应表征减排机制中的总量效应、结构效应和技术效应。其中，各地区的能源消费总量数据源于历年《中国能源统计年鉴》，能源效率为各地区生产总值与能源消费总量的比值。

表 2-9 的结果显示，碳交易政策对能源消费总量进行回归的系数显著为负，表明碳交易政策可以通过减少碳排放总量而减少碳排放。对技术市场投资额和能源效率的回归系数均在1%的水平显著为正，说明碳交易政策对技术市场投资额和能源效率具有显著正向影响，意味着碳交易政策能

够有效增加技术市场的成交额，激发企业技术创新，提高企业能源效率。当政策虚拟变量与所有中介变量纳入方程中对二氧化碳排放进行回归时，能源消费量系数显著为负，其余变量则均在1%水平显著为负。其中能源消费量是影响碳排放的最直接和最主要因素，其回归系数显著为正，为1.2206，表明能源消费越多，二氧化碳排放也越多；而能源效率和技术市场成交额的系数则显著为负，表明提高能源效率、促进企业绿色技术创新均可有效促进碳减排，且能源效率对碳排放带来的抑制作用更大。政策虚拟变量（$du \times dt$）对二氧化碳排放量（$\ln CE$）的直接效应为-0.1404。

表2-9 中介效应检验结果

变量		系数	标准差	p值
$\ln E$	$du \times dt$	-0.1941***	0.0529	0.000
	常数项	—		
$\ln tech$	$du \times dt$	0.7662***	0.1972	0.000
	常数项	1389.3280***	379.0153	0.000
$\ln ener$	$du \times dt$	0.1550***	0.0519	0.003
	常数项	60.5924***	14.1897	0.000
$\ln CE$	$\ln E$	1.2206***	0.0314	0.000
	$\ln tech$	-0.0429***	0.0094	0.000
	$\ln ener$	-0.1216***	0.0365	0.001
	$du \times dt$	-0.1404***	0.0394	0.000
	常数项	-13.5839***	1.9678	0.000

表2-10中列出了能源消费总量、技术市场投资额和能源效率的间接效应和总间接效应，结果表明，能源效率在5%的水平显著为负，其余变量和总间接效应皆在1%的水平显著为负。这说明碳交易政策会通过减少能源消费总量、增加技术投资额和提高能源效率来实现二氧化碳排放量的减少，假说2-3、假说2-4、假说2-5成立。此外，能源消费量的中介作用最大，中介变量的总间接效应占总效应的67.28%。

表 2-10　间接效应

变量	系数	标准差	p 值
ln*E* 间接效应	-0.2369***	0.0649	0.000
ln*tech* 间接效应	-0.0329***	0.0111	0.003
ln*ener* 间接效应	-0.0189**	0.0085	0.026
总间接效应	-0.2887***	0.0719	0.000
间接效应/直接效应	2.0563		
间接效应/总效应	0.6728		

五、本章小结

本章通过中介效应分析法对碳交易政策的减排机制进行了检验。实证结果表明碳排放权交易试点地区是通过减少能源消费总量、提高企业能源利用效率和调整能源消费结构，促进了企业进行绿色创新，从而实现了二氧化碳的减排，且这三种途径的间接效应占到了总效应的 67.28%。也就是说，碳排放权交易政策的减排机制是通过总量效应、结构效应和技术效应实现的。

第三章

碳交易对中国经济的影响

一、研究假说与作用机理的提出

（一）经济效应研究假说

碳交易是助推我国经济高质量发展的减排政策工具，不仅有环境效应，也具有经济效应。关于其经济效应，一方面，企业在环境管制下会产生一定的环境治理成本；另一方面，波特假说认为，科学合理的环境规制可以刺激企业技术进步和提高生产效率，从而实现企业经济利润的增长。基于波特假说设计的碳交易机制，是否能持续促进企业进行技术创新实现经济增长是需要厘清的问题。基于此，本书提出：

假说 3-1：碳交易能够有效促进地区工业增加值增长，实现经济红利。

假说 3-2：碳交易的经济效应具有一定持续性。

如果碳交易能够持续促进地区工业增加值增长，那么又是通过何种途径促进经济增长的呢？首先，在碳交易制度实施中，政府的低碳补助扶持和碳排放权售卖获益激励都会增加企业价值。另外，根据波特假说，碳配额的约束会激发企业创新减排技术，从而实现经济增长。基于此，本书提出：

假说 3-3：碳交易通过提高企业价值促进工业经济增长。

假说 3-4：碳交易通过激励技术创新促进工业经济增长。

（二）碳交易的经济作用机理

加入碳交易体系的企业通过采取低碳行为可以从政府的低碳补贴和碳市场交易激励措施中获益，这有助于提高企业价值。一方面，政府对企业的低碳补贴，可以减轻企业的减排成本压力，鼓励企业加强技术创新进而提升企业的市场竞争力，在承担更多减排项目时，企业可以直接获得补贴收益（唐清泉和罗党论，2007）。另一方面，碳排放权以碳配额的形式成为企业的一项特殊资产（Cook，2009），如果政府发放的免费碳配额没有用完，企业就可以将剩余的碳配额在碳市场上出售，为企业创造更多营运现金流从而增加企业利润（刘传明等，2019）。值得一提的是，如果企业的实际碳排放量超过了免费初始碳配额量，则只能通过碳市场购买碳配额，由此造成的生产成本会给企业绩效带来负面影响（Brouwers et al.，2016）。

机理 3-1：碳交易政策—增加企业价值—经济增长。

在碳交易政策下，企业为实现经济利益最大化会进行技术创新。一方面，面对政府环境监管，企业为缓解产品本身和生产过程中的污染问题会进行减排技术创新（Wagner，2012）；另一方面，碳市场的资源配置优势与环境管制造成的成本投入相互作用，可以增强企业的创新动力，提高企业的市场竞争力（Goodchild & Toy，2018）。

机理 3-2：碳交易政策—增强创新动力—经济增长。

二、数据分析

（一）数据来源

本章的样本数据为 2007~2019 年中国 30 个省份的面板数据，由于数据的充分性、时效性及可获得性，不考虑西藏和港澳台地区。评估政策经济效应的经济产出指标和各地区的工业增加值以及经济模型中劳动、资本要素表征数据源于历年《中国工业统计年鉴》及各样本省份的统计年鉴。用来表征环境规制强度中用到的各地区工业污染治理投资完成额数据源于历年《中国环境统计年鉴》。

为了控制除政策因素以外的其他因素对经济产出的影响，根据C-D生产函数 $Y=A(t)L^{\alpha}K^{\beta}\mu$，其中，$Y$ 代表经济产出；$A(t)$ 代表综合技术水平；L 代表劳动力要素；K 是代表资本要素（一般指固定资产净值）；μ 为随机干扰项。本章的经济产出的衡量指标为工业增加值，根据该模型，决定工业经济发展水平的主要因素是投入的劳动力、资本以及综合技术水平。因此，经济效应模型主要考虑引入如表3-1所示的控制变量：

劳动力（ln$L$）和资本（ln$K$）：劳动力和资本是经济产出的基本生产投入要素。劳动力是生产力主体，资本是基本物质资料，其投入与经济产出均呈现同向变化，是推动经济发展的重要因素。

能源消费量（ln$E$）：是经济产出的重要投入要素之一，能源要素与经济增长是相互作用的关系（李黎，2005）。

环境规制强度（lnER）：采用各地区的工业污染治理投资额与工业增加值的比值（余长林和高宏建，2015）来衡量环境规制强度（lnER），政府对于环境的管制强度会影响企业对于经济生产的选择，管制越严企业用于污染治理的投入越大，同时也会刺激企业节能技术的开发，进而影响其经济效益。

表3-1　经济效应模型控制变量（*Control*2）

变量名称	变量符号	单位	指标含义
劳动力	ln$L$	万人	各地区规模以上工业企业从业年均人数
资本	ln$K$	亿元	各地区规模以上工业企业的固定资产净值
能源消费量	ln$E$	亿吨标准煤	各地区能源消费总量
环境规制强度	lnER	—	工业污染治理投资额/该地区工业增加值

（二）经济效应模型变量描述性统计分析

表3-2为经济效应模型中变量数据的描述性统计分析。

表3-2　经济效应模型变量描述性统计分析

变量	全样本			实验组			对照组		
	样本量	均值	标准差	样本量	均值	标准差	样本量	均值	标准差
Growth	390	7405.13	7172.84	78	9298.06	9178.11	312	6931.89	6509.51
L	390	302.02	326.00	78	398.88	471.33	312	277.80	273.83
K	390	9164.57	7361.01	78	9376.23	6369.81	312	9111.65	7597.00
E	390	14023.99	8528.26	78	13018.35	7908.06	312	14275.40	8670.17
ER	390	40.50	36.04	78	25.02	19.05	312	44.37	38.1992

三、经济效应模型

设定评估经济效应的双重差分基本模型如下：

$$\ln Growth_{it} = \beta_0 + \beta_1 du \times dt_{it} + \sum \beta_j Control2_{jit} + \lambda_i + \gamma_t + \varepsilon_{it} \qquad (3-1)$$

式中，$Growth_{it}$ 为各地区工业增加值，表征经济效应；i、t 分别为地区、时间；$du \times dt_{it}$ 为碳交易政策效应的虚拟变量，当且仅当碳交易试点省份在政策实施期内等于1；λ_i 为地区的固定效应；γ_t 为时间的固定效应；ε_{it} 为随机扰动项；β_1 为政策净效应，是本书所关注的政策经济效果；$Control2_{jit}$ 为本模型中的控制变量，分别代表劳动力、资本、能源消费量和环境规制强度。除虚拟变量外，其余变量均取对数值。

四、碳交易政策的经济效应评估

（一）经济有效性检验

为了检验理论假说 3-1，在双向固定时间和地区效应后，对模型（3-1）进行基准回归分析。估计结果列于表 3-3 中。

表 3-3 中的第（1）列为不加入控制变量（*Control*2）的回归结果，*du*×*dt* 的回归系数未通过显著性检验；当加入控制变量时，结果显示，*du*×*dt* 的回归系数在 1%水平显著为正，系数为 0.0671，表明碳交易政策有助于增加试点地区的工业增加值，促进了经济增长，实现了经济红利，验证了假说 3-1。且劳动力、资本、能源消费量的系数均显著为正，说明这三个变量均对工业增加值呈现促进作用，是经济产出的重要生产要素。其中，劳动力的系数绝对值最大为 0.5775，在控制变量中对工业增加值的影响最大。而环境规制强度的系数在 5%的水平显著为负，说明当企业用于工业污染治理的投资额越多时，越会对企业经济的产出和效益产生抑制作用。

表 3-3　碳排放权交易政策的经济效应：基准回归结果

变量	（1）	（2）
du×*dt*	0.0059 （0.0323）	0.0671*** （0.0249）
ln*L*	—	0.5775*** （0.0528）
ln*K*	—	0.1322** （0.0529）

续表

变量	(1)	(2)
ln*E*	—	0.1183 * (0.0696)
ln*ER*	—	-0.0231 ** (0.0105)
常数项	7.8206 *** (0.0232)	2.8653 *** (0.5154)
时间固定效应	是	是
地区固定效应	是	是
样本量	390	390
Within-R^2	0.8712	0.9368

注：*、**、*** 分别表示在 10%、5%、1%水平显著。括号内为 t 值。下同。

（二）适用性检验

1. 平行趋势及动态效应检验

在模型（3-1）的基础上，构建以下回归模型检验平行趋势是否成立：

$$\ln Growth_{it} = \beta_0 + \beta_1 du \times dt_{it} + \sum_{t=2007}^{2012} \beta_t D_{it} + \sum \beta_j Control2_{jit} + \lambda_i + \gamma_t + \varepsilon_{it}$$

式中，D_{it} 为政策实施的动态效应虚拟变量（碳交易试点省份 i 在年份 t 时，$D_{it}=1$，否则 $D_{it}=0$）。基本原理为，假设碳交易政策在 2007～2012 年实行，若虚拟变量的回归系数未能通过显著性检验，则说明在碳交易政策实施前实验组与对照组的经济增长发展趋势相同，满足平行趋势假定。

为检验碳排放权交易政策经济效应的动态效果，在模型（3-1）的基础上，构建如下动态效应检验模型：

$$\ln Growth_{it} = \beta_0 + \sum_{t=2013}^{2019} \beta_t du \times dt_{it} + \sum \beta_j Control2_{jit} + \lambda_i + \gamma_t + \varepsilon_{it}$$

式中，$du \times dt_{it}$ 为碳交易政策动态效应的虚拟变量，地区为政策试点且

在年份 t 时，$du\times dt_{it}=1$，否则 $du\times dt_{it}=0$；$Control2_{jit}$ 为本模型中的控制变量，包括劳动力、资本、能源消费量和环境规制强度。

表 3-4 第（1）列中，$D_{2007}\sim D_{2012}$ 的系数均不显著，说明经济效应双重差分模型满足平行趋势假定。第（2）列中，2013 年、2014 年的 $du\times dt_{it}$ 的系数并不显著，这是由于我国碳排放权交易试点交易初期市场并不活跃，所以并未对工业增加值产生显著影响。2015~2018 年的 $du\times dt_{it}$ 的系数均显著为正，且系数逐年递增，表明碳排放权交易政策促进了试点地区的工业增加值增长且增长作用具有持续性，假说 3-2 成立。

表 3-4　平行趋势及动态效应检验结果

(1)			(2)		
变量	估计系数	P 值	变量	估计系数	P 值
D_{2007}	0.0317	(0.320)	$du\times dt_{2013}$	−0.0015	(0.974)
D_{2008}	−0.0295	(0.386)	$du\times dt_{2014}$	0.0374	(0.413)
D_{2009}	−0.0007	(0.980)	$du\times dt_{2015}$	0.0755*	(0.095)
D_{2010}	—		$du\times dt_{2016}$	0.0914**	(0.044)
D_{2011}	−0.0313	(0.169)	$du\times dt_{2017}$	0.1287***	(0.005)
D_{2012}	−0.0080	(0.794)	$du\times dt_{2018}$	0.0939**	(0.041)
$du\times dt$	0.0589	(0.269)	$du\times dt_{2019}$	0.0414	(0.364)
常数项	2.8743*	(0.099)	常数项	2.8477***	(0.000)
Within-R^2	0.9371		Within-R^2	0.9380	
控制变量	是		控制变量	是	
地区固定效应	是		地区固定效应	是	
时间固定效应	是		时间固定效应	是	

2. PSM-DID 检验

基于倾向得分匹配对上述结果进行稳健性检验。首先对工业增加值有重要影响的协变量（*Control2*）进行平衡性检验，由图 3-1 和图 3-2 可以看出，匹配前两组个体之间的协变量差异度较大，而倾向得分匹配（PSM）后，协变量的标准化偏差明显缩小，且匹配后的大部分观测值落在了共同取值范围内。因此，可以认为 PSM 处理后的数据可以进行双重差分回归。

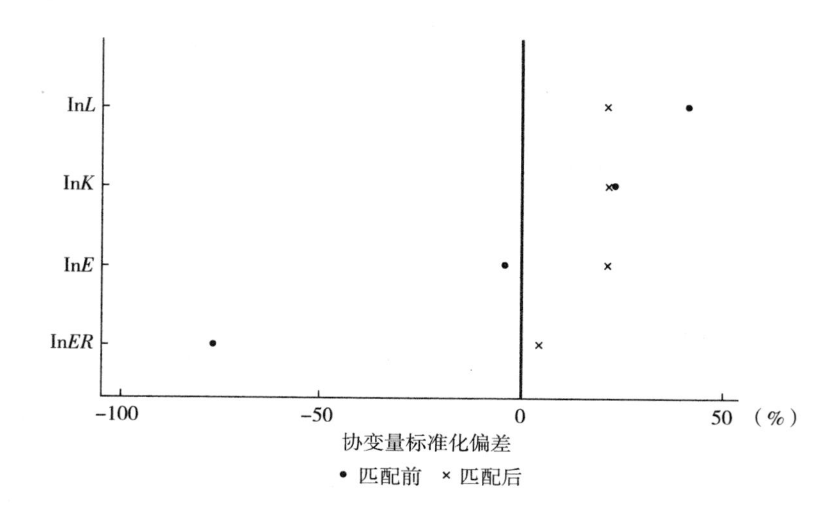

图 3-1　PSM 后协变量偏差

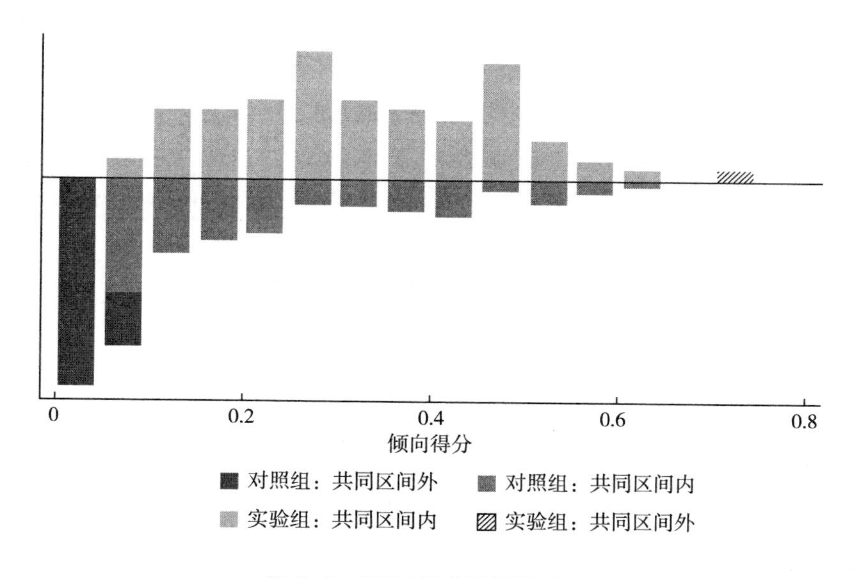

图 3-2　PSM 后共同区间范围

表 3-5 为 PSM-DID 回归结果，结果显示，加入控制变量并双向固定时间和地区效应时，政策交互项（$du \times dt$）回归系数为 0.0649，仍然显著为正，表明碳排放权交易对试点地区工业增加值有显著的促进作用，有利于经济增长，碳交易政策实现了波特效应，且这一结论是较为稳健的。

表 3-5　PSM-DID 回归结果

变量	(1)	(2)
$du \times dt$	-0.0105 (0.0320)	0.0649*** (0.0228)
常数项	7.9884*** (0.0299)	1.6059** (0.6284)
控制变量	否	是
时间固定效应	是	是
地区固定效应	是	是
样本量	390	390
Within-R^2	0.8805	0.9496

（三）碳交易对经济的影响机制检验

碳交易政策对试点地区的经济增长产生了一定的促进作用，那又是通过什么机制产生影响的？本章基于中介效应法对其进行检验和分析，根据前文机制分析部分阐述，碳交易市场中的工业企业主要通过经济获益激励和研发创新动力来促进试点地区经济增长，因此用各地区规模以上工业企业的流动资产比固定资产代表企业价值（ln*EV*），规模以上工业企业的 R&D 经费（ln*R&D*）表征研发创新动力效应，变量均取对数值。其中，各地区的规模以上工业企业 R&D 经费数据能源消费源于历年《中国科技统计年鉴》，流动资产和固定资产数据源于历年《中国工业统计年鉴》。图 3-3 为经济效应中介模型示意。

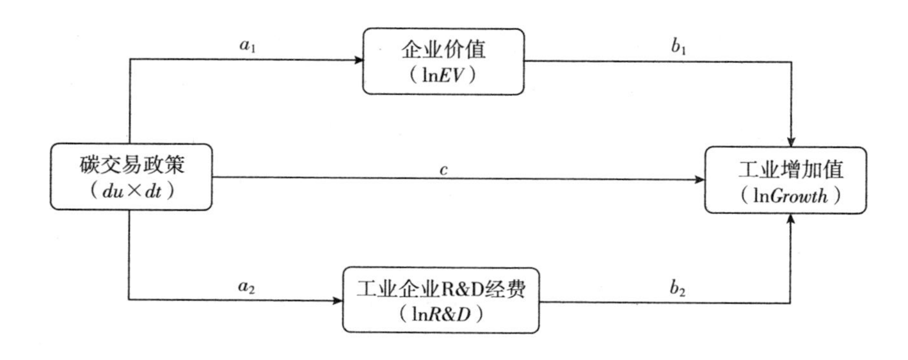

图 3-3　经济效应中介模型示意图

表 3-6 的结果显示，碳交易政策对企业价值和规模以上工业企业 R&D 经费的回归系数均在 1%的水平显著为正，这意味着碳交易政策能够有效增加企业价值和 R&D 投入经费。当政策交互项和中介变量都纳入方程对工业增加值回归时，企业价值的回归系数为 0.2002，R&D 经费回归系数为 0.3930，也均在 1%水平显著。

表 3-6　中介效应检验结果

变量		系数	标准差	P 值
ln*EV*	*du*×*dt*	0.5720***	0.2780	0.000
	常数项	0.0297***	0.0920	0.090
ln*R&D*	*du*×*dt*	1.4147***	0.2163	0.000
	常数项	13.8501***	0.0710	0.000
ln*Growth*	ln*EV*	0.2002***	0.0647	0.002
	ln*R&D*	0.3930***	0.0311	0.000
	du×*dt*	0.1458***	0.0477	0.002
	常数项	-3.1309***	0.2086	0.000

表 3-7 中列出了企业价值和 R&D 经费的间接效应和总间接效应，结果显示均显著为正，总间接效应达到了 0.6705。其中，R&D 经费的间接效应系数为 0.5560，中介作用最大，表明在促进地区工业增加值增长的过

程中，创新补偿效应起主要作用，中介变量的总间接效应占到总效应的82.14%。

表3-7　间接效应

变量	系数	标准差	P值
ln*EV*间接效应	0.1145***	0.0385	0.003
ln*R&D*间接效应	0.5560***	0.0957	0.000
总间接效应	0.6705***	0.0979	0.000
间接效应/直接效应	4.5988		
间接效应/总效应	0.8214		

五、本章小结

本章通过中介效应分析法对碳交易政策促进经济增长的机制进行检验，实证结果表明，碳排放权交易政策能够动态持续推进经济发展，并且作用逐年增强。特别地，碳交易政策是通过企业价值提升和技术创新补偿来促进经济增长的，而创新补偿是碳交易机制带来经济红利的关键路径。其中，价值提升效应为0.1145，创新激励效应为0.5560，两种效应在促进经济增长过程中发挥了显著正向的总体中介作用，共占总间接效应的82.14%。

第三部分

供应链视角下的碳交易影响

第四章
关注碳减排技术的闭环供应链优化

随着政府对碳排放政策的日益完善以及消费者低碳意识的逐渐增强，企业在生产过程中的碳排放量深刻影响着碳交易收入以及低碳敏感性消费者的市场需求，要真正实现经济与环境齐头并进，必须将生产制造环节的碳排放量纳入企业做出最优决策的考虑范围。因此，本章将碳减排量作为定价决策的参数变量，构建并求解碳交易机制下考虑引入碳减排技术的闭环供应链模型。首先结合政策背景对利润零内耗问题进行描述，提出相关假设。其次分别求解各节点企业在分散决策模式和集中决策模式下的最优定价策略，并进行比较，求证利润内耗的存在。之后对闭环供应链的广义Nash均衡博弈进行分析，刻画节点企业的决策行为，推导出解决利润损耗现象的必要性条件。最后对重要参数进行灵敏度分析。

一、问题描述与基本假设

（一）问题描述

本章在碳交易机制的背景下研究由单一制造商、单一零售商和消费者市场组成的闭环供应链系统，其中既包含了新产品生产销售的正向物流，也包括了废旧产品回收再制造的逆向物流。

在销售环节中，零售商根据产品的市场需求情况从制造商处批发新产品和再制品，随后出售给消费者；在回收环节中，零售商负责从消费者市场中回收废旧产品，进而全部供应给制造商；在生产环节中，制造商负责对废旧产品进行再生产，同时使用新原料生产新产品，根据 Giutini 和 Gaudette（2003）的研究，废旧产品的处理再制造过程通常采用专业的工艺技术进行修复与改造，使再制品无论是性能还是质量均不亚于新的产品。

马克思曾在《资本论》中分析协作劳动时提出，一个骑兵连的整体进攻力量，与单个骑兵分散展开的进攻力量的总和有本质上的差别，前者大得多。系统整体是由各子系统或者各要素所构成，按理说，整体收益应为各子系统或者各要素相加的总和，可在现实生活中，两者往往并不相等，整体功能可以得到一个增量，使之大于各子系统或各要素的总和。

在社会系统内，各层次、各组成部分之间经常发生某种冲突、摩擦甚至紊乱，那么，在该系统与环境的交换过程中，也必然会发生某一部分“能量”（生产力）无用损耗或白白丢失的现象，从而产生 $1+1<2$ 的负效应，例如“一个和尚担水吃，两个和尚抬水吃，三个和尚没水吃”这一滑稽事例就恰好为这种情况做出了经典的诠释，这种“能量”损耗现象即为内耗。换言之，内耗属于一种无组织力量，不仅瓦解事物的内部结构，还能削弱它的外部功能，从而破坏它的进化发展，其概念可以解读为对这些系统在某种无序的状态下，致使系统整体的部分力量无用损耗的理论概括（田霍卿等，1996）。

内耗普遍存在于自然系统、经济系统、文化系统、思维系统和技术系统中，本章所讨论的利润内耗即属于其中的经济系统范畴。在闭环供应链系统中，如果各节点企业的目标不同且缺乏协调，决策之间相互冲突或相互干扰，会使闭环供应链系统的各种力量、资源产生相互削弱和相互抵消，从而降低了系统的整体运行效果。因此，本章瞄准系统利润内耗的问题，研究内耗产生的具体过程，并对实现利润零内耗提出具体的协调条件。

碳交易机制下考虑引入碳减排技术的闭环供应链系统如图 4-1 所示。

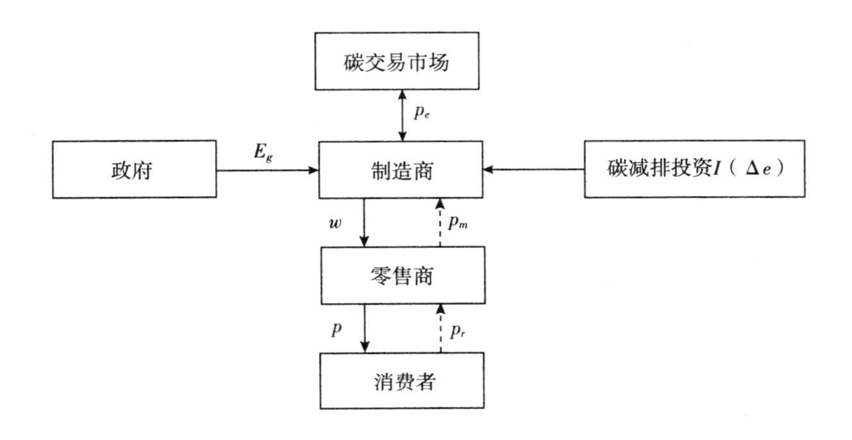

图 4-1　碳交易机制下考虑引入碳减排技术的闭环供应链结构

以下对相关参数符号做出说明：

c_n：制造商利用原材料生产新产品的单位成本。

c_r：制造商利用废旧产品生产再制品的单位成本，再制造是在废旧产品的基础上，进行彻底拆解、清洗、零件修复、重新组装的过程，成本往往低于新产品的生产成本，即 $c_n>c_r$。

w：产品的单位批发价格。

p：产品的单位销售价格。

p_m：制造商从零售商处回收废旧产品的单位价格。

p_r：零售商从消费者处回收废旧产品的单位价格。

p_e：碳配额的单位交易价格。

e_n：生产新产品的单位碳排放量。

e_r：生产再制品的单位碳排放量，满足 $e_r=(1-u)e_n$，其中 u 表示再制造水平，u 值越大，再制造过程中的碳排放量越小。

Δe：产品的单位碳减排量，在企业引入减排技术后，生产新产品的单位碳排放量为 $e_n-\Delta e$，生产再制品的单位碳排放量为 $(1-u)(e_n-\Delta e)$。

I：碳减排投资成本，满足 $I=\frac{h\Delta e^2}{2}$，其中 h 表示减排投资成本系数。

E_g：政府分配给制造商的免费碳配额。

E_s：制造商在生产过程中的实际总碳配额。

D：市场需求量，满足 $D=a-bp+k\Delta e$，其中 a 是产品的市场初始份额，b 是消费者对销售价格的敏感系数，k 是消费者对碳减排的敏感系数，k 值越大说明市场需求对碳减排越敏感，且 $b>0$，$k>0$。

r：废旧产品回收量，满足 $r=Q+tp_r$，其中 Q 表示市场基本可回收量，t 表示消费者对回收价格的敏感系数。

（二）基本假设

为使研究更具备科学性与针对性，本章结合实际情况做出如下假设：

假设 4-1：新产品和再制品无差异化，即消费者选择再制品和新产品的概率是均等的，因此，两种产品的销售价格一致。

假设 4-2：市场中的废旧产品无差异化，即回收的废旧产品质量一致且价格相同。

假设 4-3：制造商对废旧产品进行回收再制造是有利可图的，即满足 $p>c_n>c_r+p_m$。

假设 4-4：闭环供应链中的各节点企业之间信息对称，且各个成员决策偏好都是风险中性的，便于企业做出最优决策。

二、模型构建与分析

（一）关注碳减排技术的闭环供应链的分散决策模型

各节点企业进行决策的出发点是实现自身利益的最大化，所以需要在成本和收入之间进行权衡。制造商的成本包含废旧产品的回收成本、制造成本以及碳减排投资成本，收入包括销售收入和碳交易收入差，其中，制造商在生产过程中的实际碳排放总量是生产新产品和再制造过程中的碳排放量之和，即 $E_s=(e_n-\Delta e)D-u(e_n-\Delta e)r$。因此，制造商的利润函数表示如下：

$$\prod_{m1}=(w-c_n)D+(c_n-c_r-p_m)r-p_e(E_s-E_g)-I \tag{4-1}$$

零售商的收益主要来自废旧产品的回收转卖收益和新产品与再制品的批发销售收益。零售商的利润函数表示如下：

$$\prod_{r1}=(p-w)D+(p_m-p_r)r \tag{4-2}$$

采用逆向归纳法进行求解。将式（4-2）分别对产品销售价格 p 和零售商回收价格 p_r 求偏导，可得零售商利润函数 $\prod_{r1}$ 的海森矩阵如下：

$$H_{r1}=\begin{pmatrix}\dfrac{\partial^2\prod_r}{\partial p^2} & \dfrac{\partial^2\prod_r}{\partial p_r\partial p}\\ \dfrac{\partial^2\prod_r}{\partial p\partial p_r} & \dfrac{\partial^2\prod_r}{\partial p_r^2}\end{pmatrix}=\begin{pmatrix}-2b & 0\\ 0 & -2t\end{pmatrix}$$

由消费者对产品销售价格的敏感系数 $b>0$ 可知，$\dfrac{\partial^2\prod_{r1}}{\partial p^2}<0$、$|H_{r1}|>0$，易证，零售商利润函数 $\prod_{r1}$ 的海森矩阵是负定的，从而确定 $\prod_{r1}$ 是关于 p 和 p_r 的严格凹函数，故存在唯一最优解，使零售商的期望利润值最大。

求解 $\prod_{r1}$ 关于 p 和 p_r 的一阶偏导数，联立方程组可得零售商对制造商决策的最优反应函数：$p=\dfrac{a+k\Delta e+bw}{2b}$，$p_r=\dfrac{tp_m-Q}{2t}$。将 p 和 p_r 代入式（4-1），分别计算制造商利润函数 $\prod_{m1}$ 关于产品批发价格 w 和制造商回收价格 p_m 的一阶偏导数并令其等于 0，得到分散决策模式下制造商的最优定价策略：

$$w_1^*=\frac{b((e_n-\Delta e)p_e+c_n)+k\Delta e+a}{2b} \tag{4-3}$$

$$p_{m1}^*=\frac{(u(e_n-\Delta e)p_e+c_n-c_r)t-Q}{2t} \tag{4-4}$$

将 w_1^* 和 p_{m1}^* 代入 p 和 p_r，得到分散决策模式下零售商的最优定价策略：

$$p_1^* = \frac{b((e_n-\Delta e)p_e+c_n)+3k\Delta e+3a}{4b} \tag{4-5}$$

$$p_{r1}^* = \frac{(u(e_n-\Delta e)p_e+c_n-c_r)t-3Q}{4t} \tag{4-6}$$

进而可得在各成员的最优决策下，市场需求量和废旧产品回收量分别为：

$$D_1^* = \frac{a+k\Delta e-((e_n-\Delta e)p_e+c_n)}{4} \tag{4-7}$$

$$r_1^* = \frac{(u(e_n-\Delta e)p_e+c_n-c_r)t+Q}{4} \tag{4-8}$$

将上述最优决策代入式（4-1）和式（4-2），即可求得分散决策模式下，制造商与零售商可实现的最大利润：

$$\prod_{m1}^* = \frac{1}{8bt}(b(u(e_n-\Delta e)p_e+c_n-c_r)^2t^2+(((e_n-\Delta e)p_e+c_n)^2b^2+((2k\Delta e^2-2(Qu+ke_n-a)\Delta e+2(Qu-a)e_n+8E_g)p_e-4h\Delta e^2-2c_nk\Delta e+2Q(c_n-c_r)-2ac_n)b+(k\Delta e+a)^2)t+Q^2b)$$

$$\prod_{r1}^* = \frac{1}{16bt}(b(u(e_n-\Delta e)p_e+c_n-c_r)^2t^2+(((e_n-\Delta e)p_e+c_n)^2b^2+(2(e_n-\Delta e)(Qu-k\Delta e-a)p_e-2c_n(a+k\Delta e)+2Q(c_n-c_r))b+(a+k\Delta e)^2)t+Q^2b)$$

此时，闭环供应链系统总利润如下：

$$\prod_{c1}^* = \frac{1}{16bt}(3b(u(e_n-\Delta e)p_e+c_n-c_r)^2t^2+(3((e_n-\Delta e)p_e+c_n)^2b^2+((6k\Delta e^2+6(a-uQ-ke_n)\Delta e+6(Qu-a)e_n+16E_g)p_e-8h\Delta e^2-6c_n(a+k\Delta e)+6Q(c_n-c_r))b+3(a+k\Delta e)^2)t+3Qa^2b)$$

最优单位碳减排量如下：

$$\Delta e_1^* = \frac{(e_n p_e + c_n) b^2 + (e_n p_e^2 t u^2 + (k e_n + ((c_n - c_r) t + Q) u - a) p_e + k c_n) b - ak}{b^2 p_e^2 + (p_e^2 t u^2 + 2k p_e - 4h) b + k^2}$$

（4-9）

（二）关注碳减排技术的闭环供应链的集中决策模型

集中决策是指闭环供应链中的各节点企业都以整个系统的利润最大化为目标，作为统一整体共同决策相关变量。此时，闭环供应链整个系统的成本包括回收成本、生产成本、碳减排投资成本；系统收益包含销售收益和进行碳交易的收入差。则集中决策下闭环供应链的总利润函数表示如下：

$$\prod\nolimits_{c1} = (p - c_n) D + (c_n - c_r - p_r) r - p_e (E_s - E_g) - I \qquad (4\text{-}10)$$

将系统总利润函数 $\prod_{c1}$ 分别对 w、p_m、p、p_r 求解一阶偏导数，联立 $\frac{\partial \prod_{c1}}{\partial w} = 0$、$\frac{\partial \prod_{c1}}{\partial p_m} = 0$、$\frac{\partial \prod_{c1}}{\partial p} = 0$、$\frac{\partial \prod_{c1}}{\partial p_r} = 0$，可得集中决策模式下产品最优的单位销售价格 p_1^{**} 和零售商从消费者手中回收废旧产品的最优单位价格 p_{r1}^{**}：

$$p_1^{**} = \frac{((e_n - \Delta e) p_e + c_n) b + k \Delta e + a}{2b} \qquad (4\text{-}11)$$

$$p_{r1}^{**} = \frac{(u(e_n - \Delta e) p_e + c_n - c_r) t - Q}{2t} \qquad (4\text{-}12)$$

进而可得在集中决策模式下，产品市场需求量和废旧产品回收量如下：

$$D_1^{**} = \frac{((\Delta e - e_n) p_e - c_n) b + k \Delta e + a}{2} \qquad (4\text{-}13)$$

$$r_1^{**} = \frac{(u(e_n - \Delta e) p_e + c_n - c_r) t + Q}{2} \qquad (4\text{-}14)$$

代入上述求得的产品最优销售价格 p_1^{**}，最优回收价格 p_{r1}^{**}，市场需求量 D_1^{**} 和废旧产品回收量 r_1^{**}，得出闭环供应链在集中决策模式下的最大利润：

$$\prod\nolimits_{c1}^{**} = \frac{1}{4bt}((u(e_n - \Delta e) p_e + c_n - c_r)^2 b t^2 + (((e_n - \Delta e) p_e + c_n)^2 b^2 + ((2k \Delta e^2 +$$

$2(a-uQ-ke_n)\Delta e+2(uQ-a)e_n+4E_g)p_e-2h\Delta e^2-2c_n(a+k\Delta e)+2Q(c_n-c_r))b+(a+k\Delta e)^2)t+bQ^2)$

最优单位碳减排量如下：

$$\Delta e_1^{**}=\frac{(e_np_e+c_n)b^2+(e_np_e^2tu^2+(ke_n+((c_n-c_r)t+Q)u-a)p_e+kc_n)b-ak}{b^2p_e^2+(p_e^2tu^2+2kp_e-2h)b+k^2} \tag{4-15}$$

（三）两种决策模式的比较分析

命题 4-1：与集中决策相比，分散决策模式下产品的最优销售价格总是高于集中决策水平，产品的市场需求量、废旧产品回收价格和回收量始终低于集中决策水平，且制造商与零售商的利润之和低于集中决策下的系统总利润。

证明：由分散决策模式下最大市场需求量 $D_1^*=\frac{a+k\Delta e-((e_n-\Delta e)p_e+c_n)}{4}>0$ 可知，参数变量满足不等式 $a+k\Delta e>(e_n-\Delta e)p_e+c_n$，以此为依据判断在集中决策与分散决策模式下最优均衡解的大小关系：

$$\Delta p_1=p_1^{**}-p_1^*=\frac{((e_n-\Delta e)p_e+c_n)b-k\Delta e-a}{4b}<0$$

$$\Delta D_1=D_1^{**}-D_1^*=\frac{((\Delta e-e_n)p_e-c_n)b+k\Delta e+a}{4}>0$$

$$\Delta p_{r1}=p_{r1}^{**}-p_{r1}^*=\frac{(u(e_n-\Delta e)p_e+c_n-c_r)+t+Q}{4t}>0$$

$$\Delta r_1=r_1^{**}-r_1^*=\frac{(u(e_n-\Delta e)p_e+c_n-c_r)t+Q}{4}>0$$

$$\Delta\prod_{c1}=\prod_{c1}^{**}-\prod_{c1}^{*}=\frac{1}{16bt}((u(e_n-\Delta e)p_e+c_n-c_r)^2bt^2+(((e_n-\Delta e)p_e+c_n)^2b^2+(2(e_n-\Delta e)(Qu-k\Delta e-a)p_e-2c_n(a+k\Delta e)+2Q(c_n-c_r))b+(a+k\Delta e)^2)t+Q^2b)=\frac{A+B+C+Q^2b}{16bt}$$

其中，$A=(u(e_n-\Delta e)p_e+c_n-c_r)^2bt^2$，$B=(((e_n-\Delta e)p_e+c_n)b-(k\Delta e+$

$a))^2$，$C=2Q(u(e_n-\Delta e)p_e+c_n-c_r)bt$。易知，$A>0$，$B>0$，$C>0$，从而 $\Delta\prod_{c1}>0$。证毕。

分析命题 4-1 可以发现，当制造商和零售商采取集中决策模式时，产品的销售价格降低，废旧产品回收价格升高，看似企业无利可寻，但实际上产品的市场需求量和回收数量也会随之增加。

从环保的角度分析，集中决策模式下零售商可回收的废旧产品数量增多，促进逆向物流的发展，废旧产品的质量和再制品的数量得到保障，在节省自然资源的同时还能降低生产过程中的单位碳排放量。从经济的角度分析，产品市场需求量和再制品数量的上涨不仅可以促进货物流通，还能提升本企业的市场占有率，二者共同保障了闭环供应链的整体收益。同时，较低的销售价格和较高的回收价格更有利于消费者的利益，这意味着在集中决策模式下闭环供应链系统和消费者的收益同时实现最大化。

通过以上分析我们可以得出结论：在分散决策模式下，闭环供应链中的各节点企业为了使自身利润最大化，常常采取双重加价行为，导致产品的销售价格增加，废旧产品回收价格降低，闭环供应链的整体利润减少，系统效率更低。因此，对闭环供应链的成员来说，集中决策是最好的选择。

命题 4-2：消费者低碳偏好、市场基本可回收量以及再制造水平越高，集中决策与分散决策模式下的利润差值越大。

证明：将两种决策模式的利润差 $\Delta\prod_{c1}$ 分别对 k、Q、u 求偏导，可得关系：

$$\frac{\partial\Delta\prod_{c1}}{\partial k}=\frac{(((\Delta e-e_n)p_e-c_n)b+k\Delta e+a)\Delta e}{8b}>0$$

$$\frac{\partial\Delta\prod_{c1}}{\partial u}=\frac{(e_n-\Delta e)p_e((u(e_n-\Delta e)p_e+c_n-c_r)t+Q)}{8}>0$$

$$\frac{\partial\Delta\prod_{c1}}{\partial Q}=\frac{(u(e_n-\Delta e)p_e+c_n-c_r)t+Q}{8t}>0$$

证毕。

由命题 4-2 可知，在消费者的回收意识和环保意识不断增强、企业减排技术迅速发展的环境下，采取集中决策模式的闭环供应链系统会更加具备市场竞争力。

命题 4-3：无论是分散决策模式还是集中决策模式，制造商利润和系统总利润均随政府分配的免费碳排放额度增加而增加，且零售商利润和其他决策变量与免费的碳排放配额无关。

证明：分别对分散决策和集中决策模式下的产品最优销售价格、回收价格、市场需求量、废旧产品回收量、各节点企业利润和系统总利润求关于免费碳排放配额 E_g 的一阶偏导数，可得：

$$\frac{\partial p_1^*}{\partial E_g}=\frac{\partial p_1^{**}}{\partial E_g}=\frac{\partial p_{r1}^*}{\partial E_g}=\frac{\partial p_{r1}^{**}}{\partial E_g}=\frac{\partial D_1^*}{\partial E_g}=\frac{\partial D_1^{**}}{\partial E_g}=\frac{\partial r_1^*}{\partial E_g}=\frac{\partial r_1^{**}}{\partial E_g}=\frac{\partial \prod_{r1}^*}{\partial E_g}=0$$

$$\frac{\partial \prod_{m1}^*}{\partial E_g}=\frac{\partial \prod_{c1}^*}{\partial E_g}=\frac{\partial \prod_{c1}^{**}}{\partial E_g}=p_e>0$$

证毕。

由命题 4-3 可知，政府分配的免费碳配额额度只对参与碳交易的制造商和系统总利润产生影响，与零售商利润和其他决策变量无关。这是因为免费碳配额额度越高，制造商的碳交易成本越下降，企业的碳销售收入就会增加，从而系统利润也增加。同时，命题 4-3 也意味着政府改变企业的免费碳配额额度只能影响企业的总体收入，无法调控产品市场定价和货物市场流通率等变量，只有通过调整碳交易价格等其他因素来实现。

命题 4-4：实行碳交易机制或提高碳交易价格 p_e，可以激励制造商提升碳减排量 Δe 的充分必要条件是：制造商引入减排技术的投资成本系数满足条件：

$$h<\frac{k^2(w-c_n)}{ke_n+u(Q+tp_m)-a+bw},\ p_e=0 \tag{4-16}$$

证明：制造商在决定产品的单位碳减排量时，将依据市场需求的变化和零售商的响应，以实现自身利润最大化作为决策目标，联系实际的减排技术进行决策。从制造商的利润函数 $\prod_m$ 中可以求出产品最优碳减排量：

$$\Delta e_1^*=\frac{(ke_n+u(Q+tp_m)+bw-a)p_e-k(w-c_n)}{2kp_e-2h}$$

在无碳交易机制的情况下，即碳交易价格 $p_e=0$ 时，

$$\frac{\partial \Delta e_1^*}{\partial p_e}\Big|_{p_e=0}=\frac{(-ke_n-(Q+tp_m)u+a-bw)h+k^2(w-c_n)}{2h^2}$$

如果减排投资成本系数 h 满足不等式关系（4-16），则 $\frac{\partial \Delta e_1^*}{\partial p_e}\Big|_{p_e=0}>0$，这表示政府实施碳交易机制或者提升碳交易价格时，会使企业的最优碳减排量增加。如果减排投资成本系数 h 不满足式（4-16），碳交易价格的提升将会使最优碳减排量下降或维持不变。证毕。

从命题 4-4 中可以看出，在分散决策模式中，政府能够通过实行碳交易机制实现对企业生产减排进行宏观调控，其充分必要条件是：在无碳交易机制的产品市场下，制造商引入碳减排技术的投资成本系数不大于 $\frac{k^2(w-c_n)}{ke_n+u(Q+tp_m)-a+bw}$。如果不满足该条件，碳交易机制在市场中失效，甚至可能对制造商的减排决策产生抑制作用。

命题 4-5：新产品与再制品的市场规模 a 越大，减排投资成本 h 可变动的范围就越大，碳交易机制对市场的减排调节作用越行之有效。

证明：根据命题 4-4 的结论，令 $M_1=\frac{k^2(w-c_n)}{ke_n+u(Q+tp_m)-a+bw}$，求导得出：

$$\frac{\partial M_1}{\partial a}=\frac{k^2(w-c_n)}{(ke_n+u(p_mt+Q)+bw-a)^2}>0$$

这表明销售产品的市场规模越大，M_1 值越大，即减排投资成本系数的上限越高，不等式条件（4-16）越容易满足，碳交易机制对市场的调节作用越有效，证毕。

从命题 4-5 中可以看出，产品市场越繁荣，碳交易机制的调节效果就越明显，因此，为了更好地促进闭环供应链的循环和激励企业积极发展减排技术，政府可以出台相关政策鼓励消费者购买低碳产品，企业也应加大宣传力度，积极拓展市场规模。

三、关注碳减排技术的闭环供应链的最优性分析

如果把位于供给侧的制造商和主要面对消费市场的零售商看作一个系统，那么在各子系统达到最优状态时，系统的总利润就最大吗？通过第三章的模型求解和系统总利润的对比分析，我们发现分散决策模式存在双重边际效应，使系统利润产生损耗现象，从而低于集中决策水平，因此上述问题的答案是否定的。针对利润损耗问题，本节将分析使分散决策模式下的系统总利润趋近于集中决策利润水平所需要满足的协调条件。

（一）关注碳减排技术的闭环供应链模型分析

在闭环供应链系统的动态博弈过程中，制造商和零售商的定价决策过程是相互影响、相互依赖的。

在分散决策模式下，每一位参与者的目标是实现自身利润最大化。零售商通过观察制造商制定的批发价格来决定产品的销售价格，并根据制造商给出的废旧产品回收价格，结合回收市场的实际行情，确定从消费者手中回收废旧产品的最优价格。同时，制造商在做出定价决策时，往往也先提前预测零售商会针对自己的决策做出的相应策略，从而确定自己的最优定价策略，以求实现自身利润最大化。

从上述过程可以看出，制造商和零售商的变量都是作为另一位参与者的参数存在的，且每一位参与者在确定目标函数和决策约束时，都需要将对方的定价策略考虑在内，他们的这种非合作博弈属于广义 Nash 均衡博弈，我们选择采用变分不等式方法求解该广义 Nash 均衡模型。

通过前文的计算，我们已经得出闭环供应链成员在集中决策模式下的

最优策略，此时，无论是定价收益还是低碳减排方面，都已是当下闭环供应链系统的最优解。为了实现闭环供应链分散决策模式下的均衡解达到集中决策最优解的水平，我们基于当下求得的最优策略，通过对每一位参与者的决策行为进行刻画，利用变分不等式方法反推回去，求解实现系统利润零内耗的协调条件。

（二）模型的变分不等式刻画

当闭环供应链中各节点企业在分散决策模式下的最优定价决策达到集中决策最优点$(w'_1, p'_{m1}, p_1^{**}, p_{r1}^{**})$时，整个系统的利润损耗值最低。为方便表示，设$x_1=(w_1, p_{m1}, p_1, p_{r1})$，$x_1^*=(w'_1, p'_{m1}, p_1^{**}, p_{r1}^{**})$。

1. 制造商的优化分析

对于制造商，设$F_{m1}(w, p_m)=\nabla\prod_{m1}(w, p_m)$，因为$\frac{\partial\prod_{m1}}{\partial w}=a-bp+k\Delta e$，$\frac{\partial\prod_{m1}}{\partial p_m}=-Q-tp_r$，所以

$$F_{m1}(w, p_m)=(a-bp+k\Delta e, -Q-tp_r)^T$$

设实现系统利润最大化的最优点为$(w, p_m)=(w'_1, p'_{m1})$，将制造商的利润模型表达为变分不等式：

$$F_{m1}(w'_1, p'_{m1})((w_1, p_{m1})-(w'_1, p'_{m1}))\geqslant 0,\quad \forall w_1>0, p_{m1}>0$$

也即

$$(a-bp+k\Delta e)(w_1-w'_1)+(-Q-tp_r)(p_{m1}-p'_{m1})\geqslant 0 \tag{4-17}$$

对于任意$w_1>0$，$p_{m1}>0$成立。

将集中决策模式下的最优产品销售价格p_1^{**}和从消费者手中回收废旧产品的最优单位价格p_{r1}^{**}代入式（4-17），得出表达式：

$$\frac{((\Delta e-e_n)p_e-c_n)b+a+k\Delta e}{2}(w_1-w'_1)+\frac{(u(\Delta e-e_n)p_e-c_n+c_r)t-Q}{2}(p_{m1}-p'_{m1})\geqslant 0 \tag{4-18}$$

对于任意$w_1>0$，$p_{m1}>0$成立。

综上所述，当式（4-18）成立时，(w'_1, p'_{m1}) 是制造商的最优决策。

2. 零售商的优化分析

对于零售商，设 $F_{r1}(p, p_r)=\nabla\prod_{r1}(p, p_r)$，因为 $\frac{\partial\prod_{r1}}{\partial p}=a+k\Delta e+b(w-2p)$，$\frac{\partial\prod_{r1}}{\partial p_r}=(p_m-2p_r)t-Q$，所以

$$F_{r1}(p, p_r)=(a+k\Delta e+b(w-2p), (p_m-2p_r)t-Q)^T$$

又因实现系统利润能最大化的最优决策点是 (p_1^{**}, p_{r1}^{**})，因此，可将零售商的利润模型表达为变分不等式：

$$F_{r1}(p_1^{**}, p_{r1}^{**})((p_1, p_{r1})-(p_1^{**}, p_{r1}^{**}))\geqslant 0, \quad \forall p_1\geqslant 0, p_{r1}\geqslant 0$$

也即：

$$(a+k\Delta e+b(w-2p))(p_1-p_1^{**})+((p_m-2p_r)t-Q)(p_{r1}-p_{r1}^{**})\geqslant 0 \quad (4-19)$$

对于任意 $p_1>0$，$p_{r1}>0$ 成立。

将集中决策模式下的产品最优销售价格 p_1^{**} 和从零售商的回收价格 p_{r1}^{**} 代入式（4-19），得到表达式：

$$b((\Delta e-e_n)p_e+w-c_n)\left(p_1-\frac{((e_n-\Delta e)p_e+c_n)b+k\Delta e+a}{2b}\right)$$

$$+t(u(\Delta e-e_n)p_e-c_n+c_r+p_m)\left(p_{r1}-\frac{(u(e_n-\Delta e)p_e+c_n-c_r)t-Q}{2t}\right)\geqslant 0 \quad (4-20)$$

对于任意 $p_1>0$，$p_{r1}>0$ 成立。也就是说，当式（4-20）成立时，p_1^{**}，p_{r1}^{**} 是零售商的最优决策。

（三）模型的最优性分析

要解决闭环供应链成员在动态博弈过程中存在的利润损耗问题，使协调条件下的最优定价决策和系统总利润水平与集中决策相等，节点企业需同时满足以下两个条件：

条件 1： $w_1=(e_n-\Delta e)p_e+c_n$

条件 2： $p_{m1}=u(e_n-\Delta e)p_e+c_n-c_r$

证明： 在闭环供应链网络中，影响系统总利润的决策变量为产品的销售价格 p 和零售商的回收价格 p_r，而制造商的批发价格 w 和回收价格 p_m 作为中间变量，主要通过制造商与零售商的动态博弈过程进而影响零售商的最优定价策略。因此，要使分散决策模式下的系统总利润达到集中决策下的利润水平，需使不等式（4-20）成立，即满足条件：

$$\begin{cases} b((\Delta e-e_n)p_e+w-c_n)=0 \\ t(u(\Delta e-e_n)p_e-c_n+c_r+p_m)=0 \end{cases} \tag{4-21}$$

化简式（4-21）得到以下等价条件：

$$\begin{cases} w=(e_n-\Delta e)p_e+c_n \\ p_m=u(e_n-\Delta e)p_e+c_n-c_r \end{cases} \tag{4-22}$$

令制造商的产品单位批发价格 $w_1^{***}=(e_n-\Delta e)p_e+c_n$，从零售商处回收的废旧产品单位价格 $p_{m1}^{***}=u(e_n-\Delta e)p_e+c_n-c_r$，代入式（4-1）和式（4-2），可分别得到满足协调条件下的制造商与零售商的利润函数：

$$\prod\nolimits_{m1}^{***}=E_g p_e-I \tag{4-23}$$

$$\prod\nolimits_{r1}^{***}=(p-c_n-(e_n-\Delta e)p_e)D+(c_n-c_r-p_r+u(e_n-\Delta e)p_e)r \tag{4-24}$$

令 $\prod_{r1}^{***}$ 关于 p 和 p_r 的一阶偏导数等于 0，联立方程组求得满足协调条件下零售商的最优定价策略：

$$p_1^{***}=\frac{((e_n-\Delta e)p_e+c_n)b+k\Delta e+a}{2b} \tag{4-25}$$

$$p_{r1}^{***}=\frac{(u(e_n-\Delta e)p_e+c_n-c_r)t-Q}{2t} \tag{4-26}$$

将上述最优解代入式（4-23）和式（4-24），得到满足协调条件下的制造商和零售商利润，进而得到系统总利润。

通过对比发现，$p_1^{***}=p_1^{**}$，$p_{r1}^{***}=p_{r1}^{**}$，$\prod_{c1}^{***}=\prod_{c1}^{**}$，即在同时满足条件 1 和条件 2 的情况下，零售商的最优定价策略与集中决策相等，制造商的最优单位减排量与集中决策下的减排量相等，并均大于分散决策模式，系统总利润也达到集中决策下的利润水平，消除了分散决策对闭环供应链系统造成的利润损耗影响，实现利润零内耗。因此，条件 1 和条件 2 得证。证毕。

四、具有碳减排技术的闭环供应链的影响因素分析与最优运行条件

本节通过数值算例进一步讨论碳交易机制和其他参数变量对企业碳减排和定价决策的影响，进而对政府调控和企业决策活动提供一定的管理启示。设定 $c_n=200$、$c_r=120$、$a=1000$、$b=2.5$、$k=10$、$Q=20$、$t=2.5$、$e_n=30$、$u=0.6$、$E_g=1500$、$h=50$、$p_e=2$。运用 Matlab 软件仿真结果如下：

（一）不同决策模式的影响分析

通过计算可知，$\tilde{\eta}_1=0.1932$、$\tilde{\eta}_2=0.2898$，收益共享系数对协调前后企业利润差值影响情况如图 4-2 所示。选取 $\eta=0.24$，对分散决策最优解、集中决策最优解和协调后的定价、回收量与利润进行数值仿真，对应结果如表 4-1 所示。

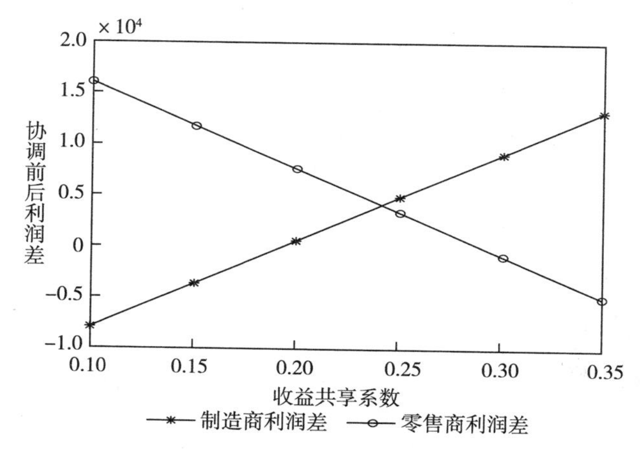

图 4-2　销售收益共享比例对协调前后利润差值的影响

表 4-1 分散决策、集中决策和协调后的定价决策对比

决策模式＼变量	w	p_m	p	p_r	D	r	Π_{m1}	Π_{r1}	Π_{c1}
分散决策	340	48	390	20	125	70	16920	8210	25130
集中决策	—	—	340	48	250	140	—	—	33440
协调契约	240	104	340	48	250	140	20900	12440	33440

由图 4-2 可知，当销售收益共享系数满足关系 $\eta \in$ （0.19，0.29）时，协调条件下的制造商和零售商利润均高于协调前的利润水平，此时，节点企业都会因为利润增加而有动力主动参与协调，协调契约有效。

由表 4-1 可知，集中决策模式下单位产品批发价格和销售价格低于分散决策水平，废旧产品回收价格、市场需求量、废旧产品回收量和系统总利润均高于分散决策水平。这说明集中决策模式对消费者更加有利，分散决策模式下系统存在双重边际效应，使产品销售受到阻碍，废旧产品的回收效果不佳，造成闭环供应链系统总利润的损失，命题 4-1 得证。协调之后系统总利润达到集中决策最优水平，实现了系统利润的零内耗，同时，各主体利润也大幅度增加，实现了供应链协调。

（二）碳交易价格的影响分析

在本小节中，我们将讨论碳交易价格对企业决策和利润的影响情况。

（1）在固定其他参数不变的前提下，对比和分析分散决策与集中决策模式下，产品销售价格、废旧产品回收价格、产品市场需求量和废旧产品回收量在 $p_e \in$ （1，5）区域下的变化情况，如图 4-3 至图 4-6 所示。

由图 4-3 至图 4-6 可知，集中决策模式下，企业最优定价策略受碳交易价格的影响情况与分散决策模式保持基本一致。其中，产品销售价格、回收价格和废旧产品回收量与碳交易价格变动呈正相关关系，产品市场需求量与碳交易价格呈负相关关系。集中决策的定价策略受碳交易价格变动影响更敏感。

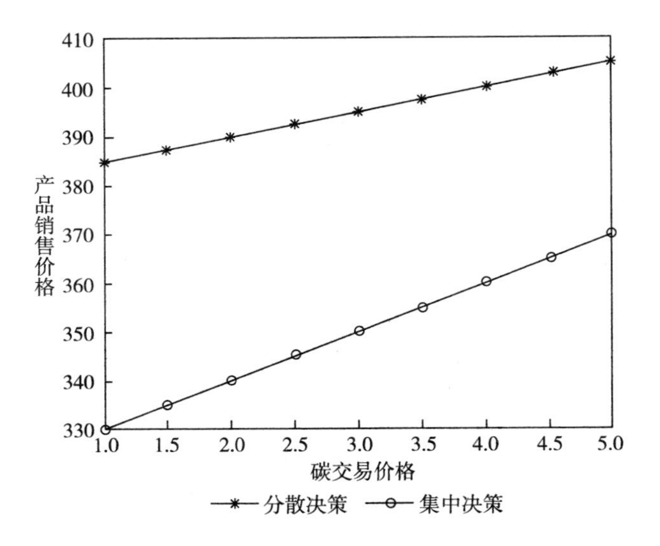

图 4-3　碳交易价格对销售价格的影响

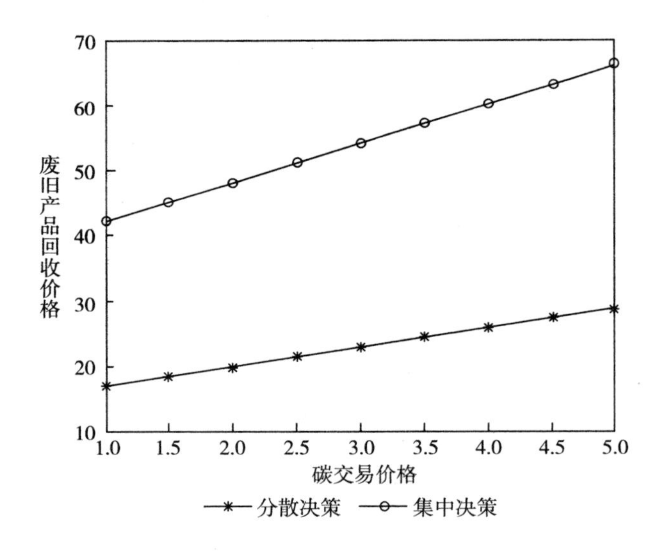

图 4-4　碳交易价格对回收价格的影响

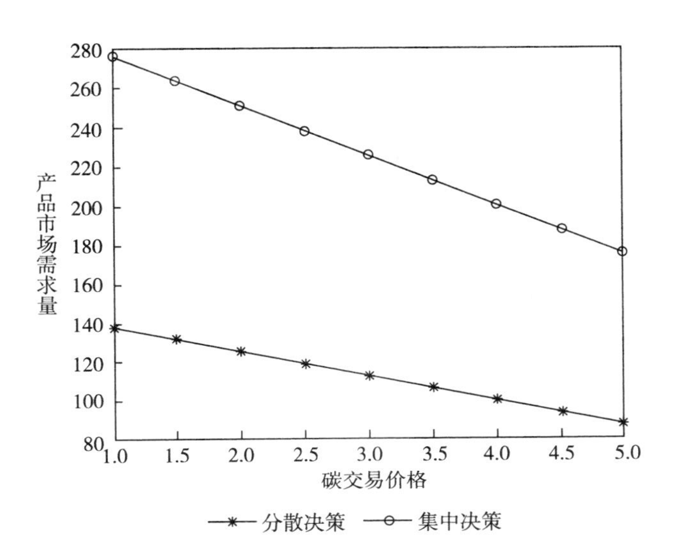

图 4-5　碳交易价格对市场需求的影响

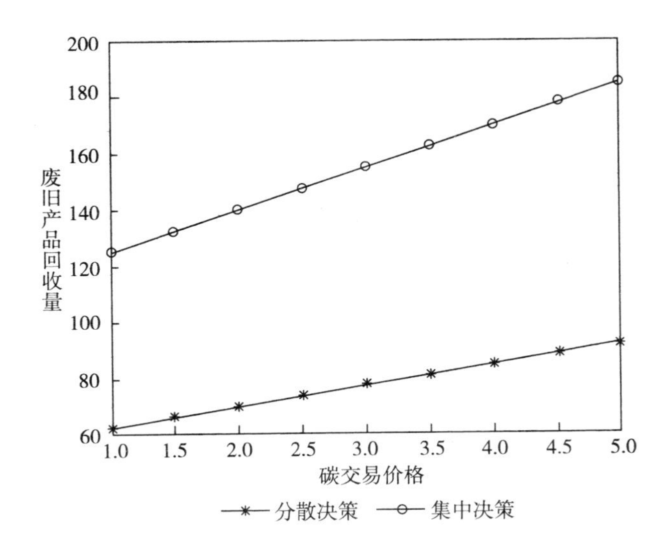

图 4-6　碳交易价格对回收数量的影响

这是因为碳交易价格的上涨也意味着企业减排成本增加，为了降低在生产过程中的碳排放量，制造商会更加重视再制造产品所带来的环境效应，从而加大对回收活动的投入力度，提高废旧产品的回收价格和回收数量。为保证产品的销售收益，制造商会选择提升产品的批发价格，进而影响零售商的定价，使企业增加的减排成本最终会以提升销售价格的方式转移给消费者。对消费者而言，产品价格上升增加了消费者的生活成本，降低了消费者的购买能力，从而市场需求量下降。

因此，从企业的角度分析，碳交易价格的增加可以在一定程度上促进企业的减排投资和废旧产品的回收再制造，降低生产过程中的碳排放量的同时，还有助于资源的充分利用，对保护环境产生积极影响；但从政府的角度分析，碳交易价格的上升会间接导致产品销售价格升高，增加了消费者的生活成本，降低消费者的购买能力，从而引发社会经济发展动力不足的问题。因此，政府需要对碳交易价格进行管控，既要避免碳交易价格过低而无法激励制造商进行减排技术投资，也要避免碳交易价格过高导致消费者生活压力增大、生活水平降低。

（2）在固定其他参数不变的前提下，分析系统总利润$\prod_{c1}$在$p_e \in$（1，10），$E_g \in$（1000，4000）区域间的变化情况，如图4-7所示。

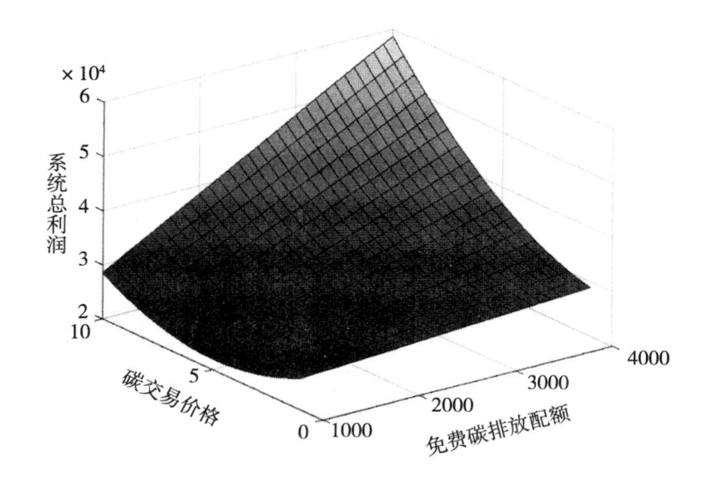

图4-7　碳交易价格和免费碳排放配额对系统总利润的影响

由图 4-7 可知，闭环供应链系统总利润整体上与免费碳排放额度呈正相关关系。当政府分配的免费碳排放额度低于制造商实际碳排放量时，系统总利润随碳交易价格的增加呈现先减后增的波动趋势；当免费碳排放额度高于实际碳排放量时，系统总利润随碳交易价格的增加而增加。

这是因为当免费碳排放配额低于实际碳排放量时，如果碳交易价格较低，企业更倾向于从碳交易市场购买额外碳排放权，以此维持正常的生产制造活动，此时单位产品边际成本增加，利润降低。随着碳交易价格的增加，若单位产品的销售收益低于单位产品碳排放量所带来的碳销售收益，企业会选择降低产量以实现利润的增长，此时，系统总利润随碳交易价格的增加而增加，虽然产品生产量的下降不利于产品市场的扩张，但从企业利润角度出发，这是当下的最优选择。若免费碳排放配额高于企业实际碳排放量，企业可以通过出售多余的碳排放权来实现高额利润，此时，碳交易价格越高，企业的碳销售收益就越高。

因此，从政府的角度分析，过高的免费碳排放配额会失去对企业碳排放的限制作用，过低的碳排放配额会抑制企业生产和低碳减排技术的发展，从而影响市场经济和货物流通。从企业的角度分析，当免费碳排放配额与企业实际碳排放量相差不大时，企业可以通过加大减排力度、增加废旧产品回收再制造甚至降低产量来获取利润，但如果免费碳排放配额过低，且碳交易价格较高时，可以通过降低产量、出售多余碳排放权来获取收益，但此时并不利于企业的长期发展。

从上述分析可知，碳排放政策给企业带来了马太效应，对于低耗能企业，如超低耗能建筑等，可以通过销售碳配额来为其他的项目实施提供更多资金支持；对于煤炭、工业用电等高耗能企业，会因碳限额政策导致碳资产减少和生产成本增加。鉴于此现象，政府应对整个行业的碳排放水平进行充分调研了解，有针对性地对不同企业制定合理的免费碳排放额度，此额度可以略低于该企业往期的实际碳排放量，这样既可以保证碳交易机制对企业碳排放起到限制作用，也可以保证企业的基本收益。同时，碳交易价格也需选择略小于系统利润最低时的碳交易价格，因为碳交易价格的增加可以促进企业实施碳减排和废旧产品的回收再制造，但过高的碳交易价格会影响产品生产和市场经济的发展，因此，略低于系统利润最低时的碳交易价格是最优选择。面对碳交易政策，企业可以建立相应的碳资产管理部门，跟踪碳市场的交易动态，密切关注碳行业政策制定的标准，以便及时采取相应的战略。

（三）市场规模的影响分析

为探索市场规模对碳减排量、碳交易机制的有效性、产品市场需求以及各主体期望利润的影响，固定其他参数不变，分析初始市场份额在 $a \in (800, 1300)$ 区间内碳减排量、减排投资成本系数上限、市场需求量和节点企业利润值的变化情况。如图 4-8 至图 4-11 所示。

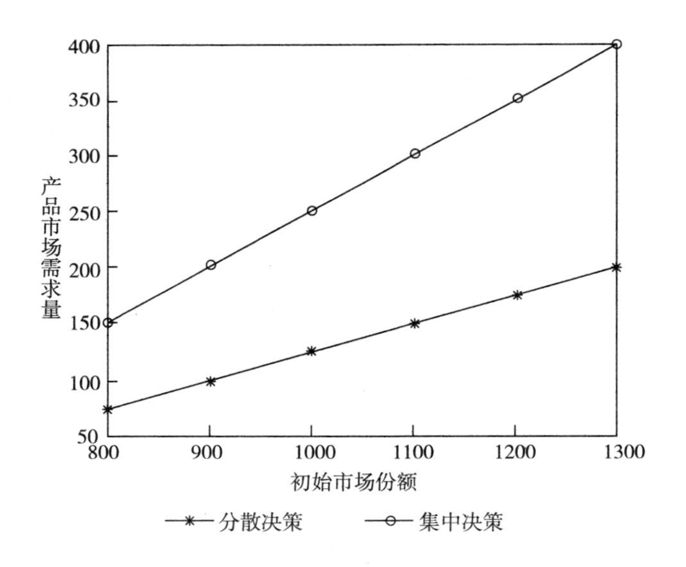

图 4-8　初始市场份额对市场需求的影响

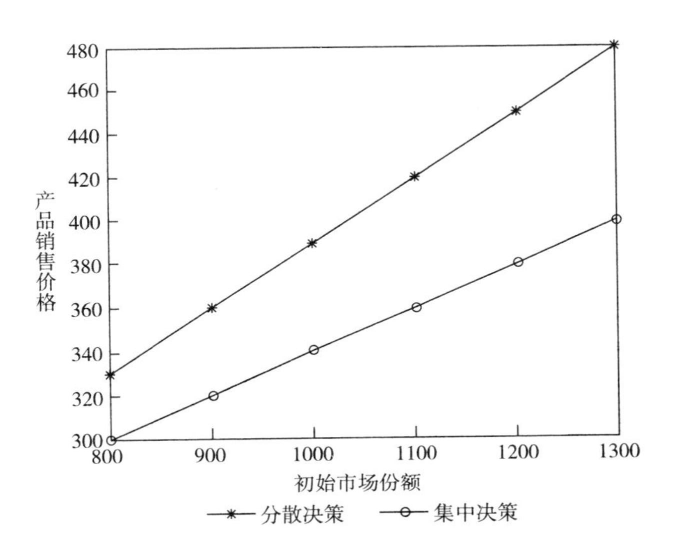

图 4-9 初始市场份额对销售价格的影响

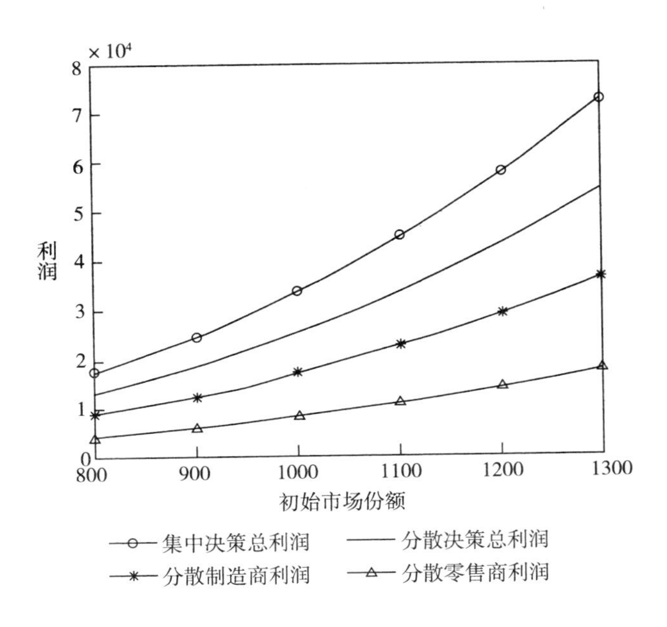

图 4-10 初始市场份额对利润的影响

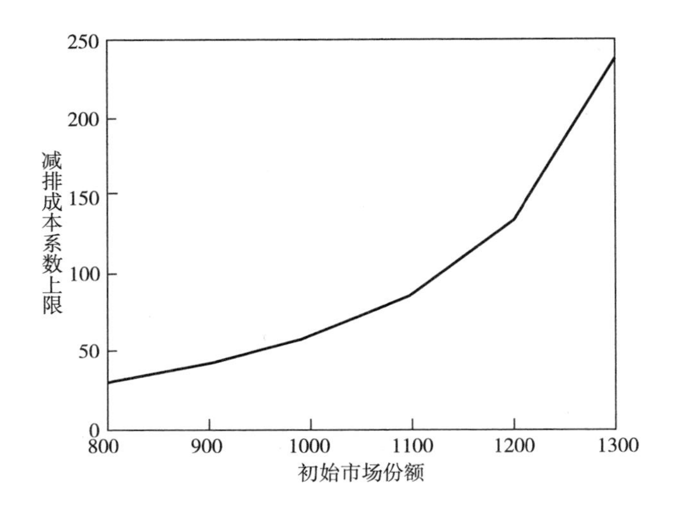

图 4-11　初始市场份额对减排投资成本上限的影响

由图 4-8 至图 4-11 可知，产品市场需求量和各节点企业的期望利润与市场规模呈正相关关系，市场份额较高的企业，减排投资成本系数上限也越高，实施减排技术的条件越容易满足，从而碳交易机制的调节作用越有效。

这是因为初始市场份额扩大意味着潜在消费者增多，从而碳敏感性消费者的需求量增加，促使制造商更加积极引入碳减排技术，降低生产过程中的单位碳排放量，不仅提升企业收益，还推动了碳交易机制的运行，促进减排的良性循环。值得注意的是，虽然废旧产品的回收价格不会受到市场份额的影响，但产品最优销售价格随市场份额增加而增加，这意味着当市场份额较高时，企业无需使用“薄利多销”策略，而应抓住机遇，利用好市场发展带来的红利，设置较高的销售价格，加大产品生产力度，满足产品市场需求，以实现企业利润最大化。

因此，从政府的角度分析，政府可以开拓市场，帮助企业拓展市场规模，创造更多机遇和销售环境，引进更多的潜在消费者。这样既可以提升企业绩效，促进社会经济发展，也可以激励更多企业积极引入减排技术，实现减排目标，保证碳交易机制的长久运行。从企业的角度分析，企业可以根据市场规模的扩大适当提高产品定价，把握市场上行的红利期，但前提是重视市场营销战略，积极拓展产品市场，扩大对外贸易合作，创造竞争优势，同时还需提高企业生产效率，保障满足社会发展需要，只有这样才能实现持续高效稳定的发展。

（四）消费者碳敏感性的影响分析

在其他参数变量保持不变的情况下，消费者碳敏感性的波动必然会影响产品的市场需求发生变化，进而间接影响各节点企业的定价决策和收益。为探究消费者的碳敏感性对分散和集中决策模式下市场需求量、最优销售价格、利润和碳减排量的影响，固定其他参数不变，分析 D、p、Π、e 在 $k\in$（5，15）区域下的变化情况，如图 4-12 至图 4-15 所示。

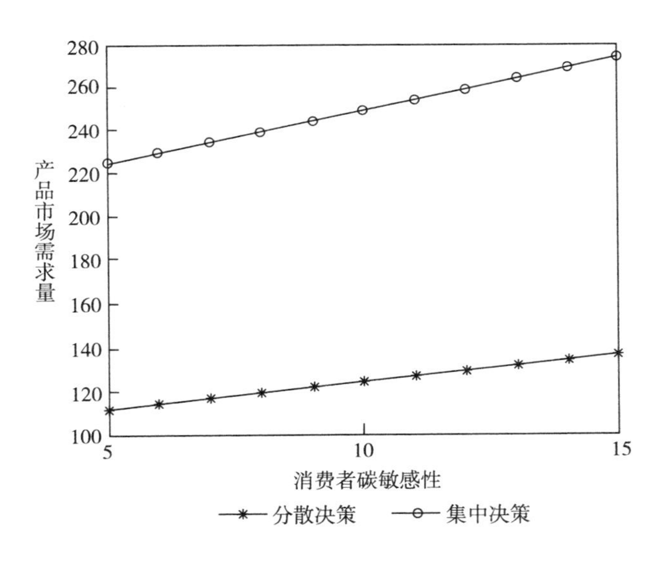

图 4-12　消费者碳敏感性对市场需求的影响

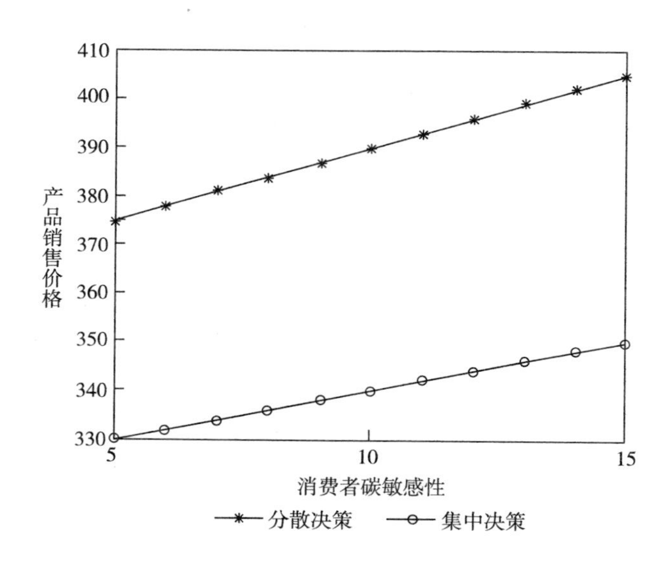

图 4-13　消费者碳敏感性对销售价格的影响

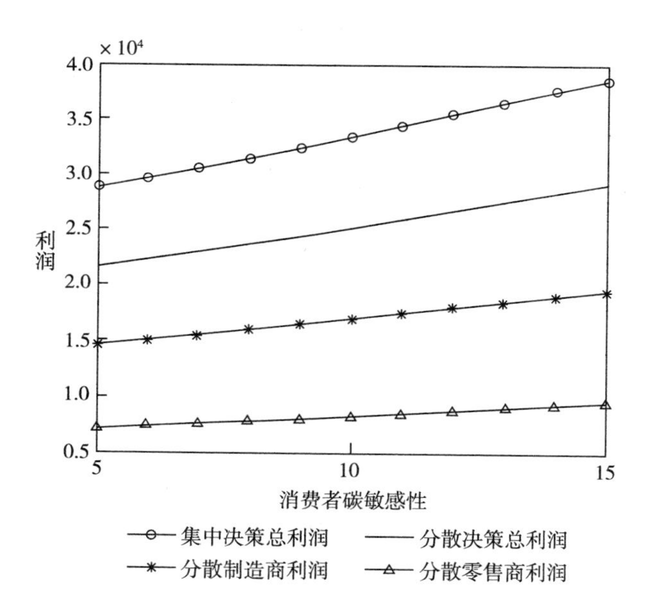

图 4-14　消费者碳敏感性对利润的影响

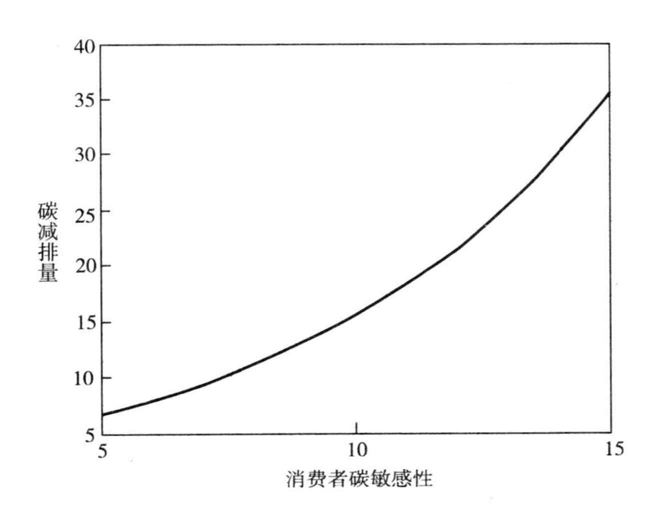

图 4-15　消费者碳敏感性对减排量的影响

由图 4-12 至图 4-15 可知，无论是分散决策还是集中决策，产品市场需求量、最优销售价格、各节点企业利润和碳减排量均与消费者的低碳偏好呈正相关关系。

这是因为消费者的低碳偏好越大，他们越愿意以更高的价格去购买更加低碳环保的产品，进而刺激产品市场需求量上升，为了迎合消费者的意愿，企业将产生更大的动力进行减排投资，降低碳交易成本，提升企业收益。

因此，从政府的角度分析，消费者低碳偏好的增加，可以促进企业积极引入减排投资，实现环境保护的目的，政府需要加强环保和低碳产品的宣传，提高消费者环保意识，引导消费者进行低碳投资。从企业的角度分析，消费者低碳偏好的增加可以刺激产品的市场需求，增加企业效益，零售商需加强低碳推广，利用绿色促销等方式吸引更多的消费者；制造商将低碳产品设置碳标签，以此方式将自身的减排行为告知给消费者，从而树立起绿色、环保、负责任的企业形象，提高消费者对企业产品的依赖度。

（五）生产成本的影响分析

1. 新产品生产成本

为形象说明新产品生产成本对企业定价决策、碳排放量和利润的影响情况，在固定其他参数不变的前提下，将上述变量代入 $c_n \in$ （150，250），做出图像并进行分析。如图 4-16 至图 4-21 所示。

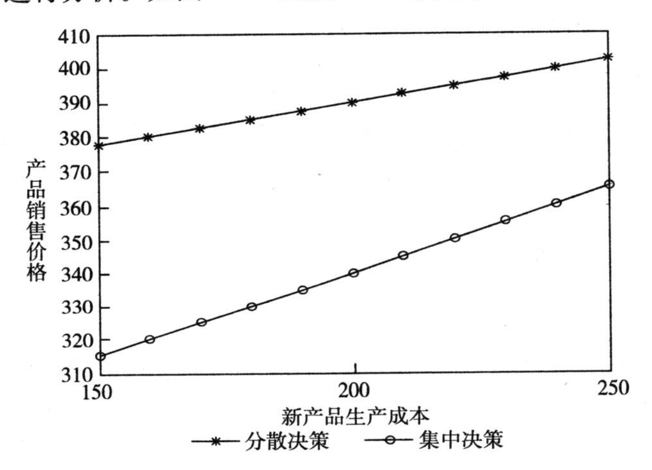

图 4-16 新产品生产成本对销售价格的影响

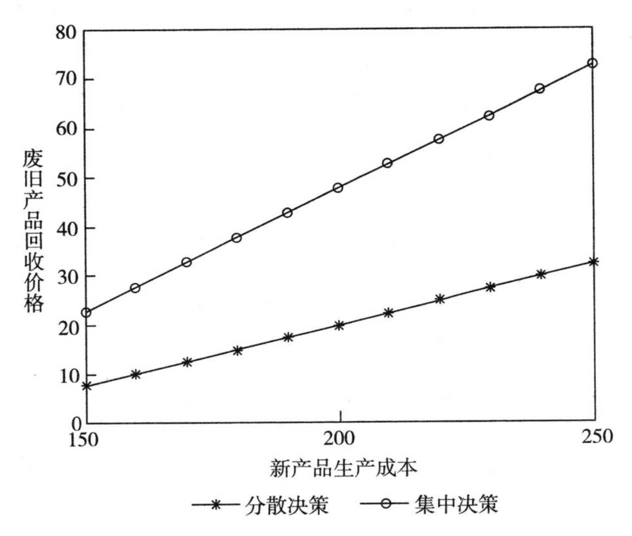

图 4-17 新产品生产成本对回收价格的影响

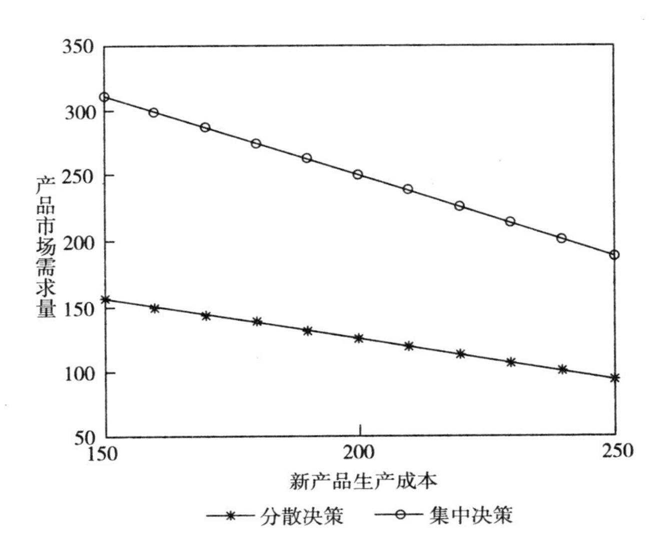

图 4-18　新产品生产成本对市场需求的影响

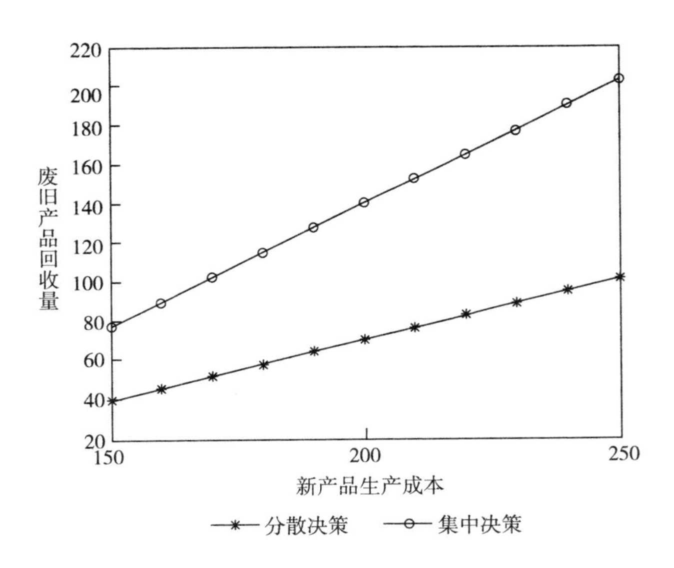

图 4-19　新产品生产成本对回收数量的影响

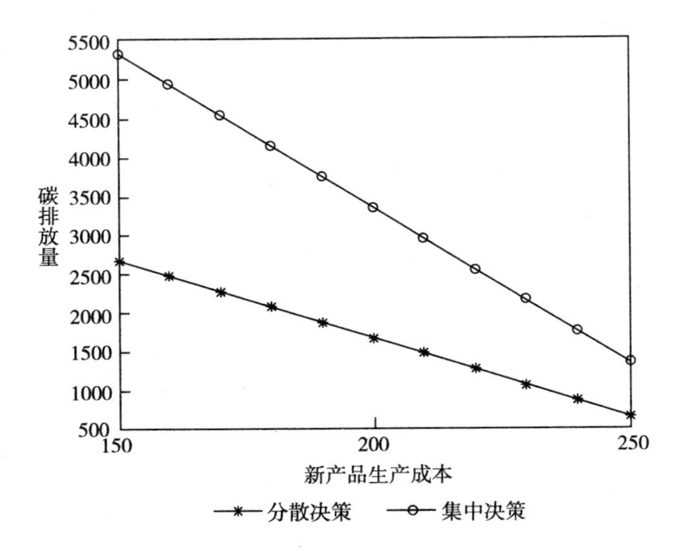

图 4-20 新产品生产成本对碳排放量的影响

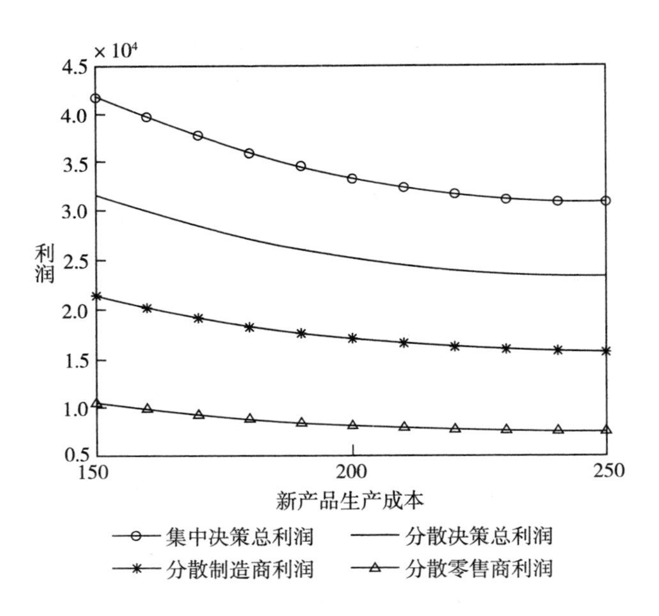

图 4-21 新产品生产成本对利润的影响

由图 4-16 至图 4-21 可知，无论是分散决策还是集中决策，产品销售价格和市场需求量、废旧产品回收价格和回收数量均与新产品的生产成本呈正相关关系，碳排放总量和各节点企业的利润值与新产品的生产成本呈负相关关系。其中，在再制品生产成本不变的情况下，各节点企业的利润下降趋势随新产品生产成本的增加而逐渐变缓。

这是因为新产品的生产成本增加时，制造商会以提高批发价格的形式将成本转移给消费者，产品销售价格的上升影响用户的消费能力，进而导致市场需求量下降，此时，要缓解生产新产品带来的经济压力，企业会将生产目标转移到低成本的再制品上，同时，为了刺激废旧产品的回收数量，回收价格随之上升。由于低排放的再制品生产被重视，制造商实行碳减排投资的主动性和积极性降低，又因销售价格增加引发市场需求量下降，两种因素共同导致在生产过程中碳排放量降低。因此，虽然新产品的生产成本增加、市场需求量降低以及废旧产品回收价格增加会导致各节点企业的利润值有所下降，但是伴随着再制品的生产成本不变，新产品生产成本持续增加，即新产品与再制品的生产成本差距逐渐拉大时，废旧产品回收数量持续增高，制造商将生产重心完全偏向于回收再制造上，此时由剩余碳配额带来的碳交易收益和再制造生产收益使各节点企业的利润下降趋势有所减缓，甚至产生上升趋势。

2. 再制品生产成本

为形象说明企业定价决策、碳排放总量和利润关于再制品生产成本的变化情况，在固定其他参数不变的前提下，分析 p_r、r、E_s、Π 在区间 $c_r \in (50, 150)$ 内的波动趋势，如图 4-22 至图 4-25 所示。

通过计算可得，$\frac{\partial p_1^*}{\partial c_r}=\frac{\partial p_1^{**}}{\partial c_r}=\frac{\partial p_1^{***}}{\partial c_r}=0$，$\frac{\partial D_1^*}{\partial c_r}=\frac{\partial D_1^{**}}{\partial c_r}=\frac{\partial D_1^{***}}{\partial c_r}=0$，即再制品的生产成本不会对产品的销售价格和市场需求量产生影响。由图 4-22 至图 4-25 可知，废旧产品的回收价格和回收数量与再制品的生产成本呈负相关关系，碳排放总量与再制品的生产成本呈正相关关系，系统各节点企业的利润值随再制品生产成本的增加而持续降低。

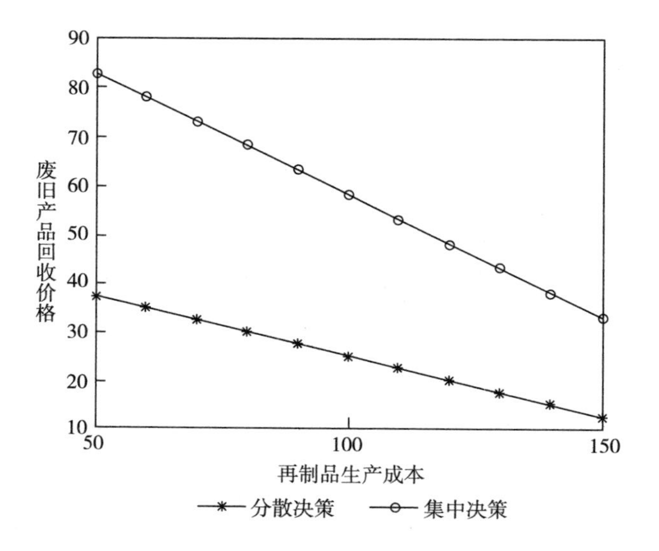

图 4-22　再制品生产成本对回收价格的影响

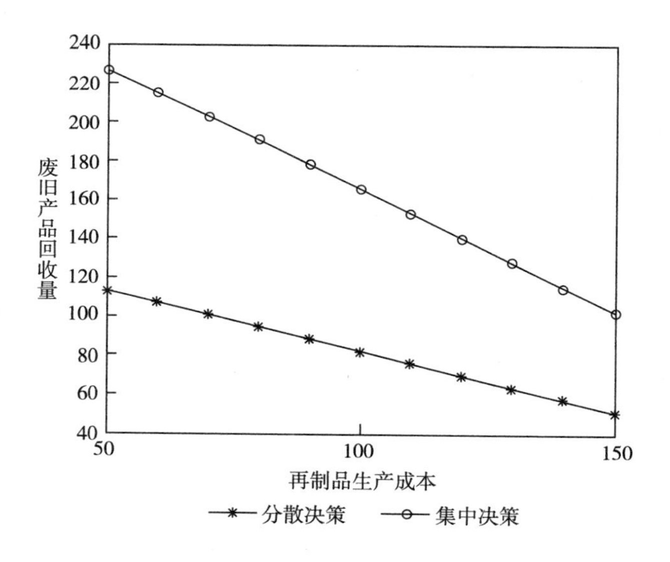

图 4-23　再制品生产成本对回收数量的影响

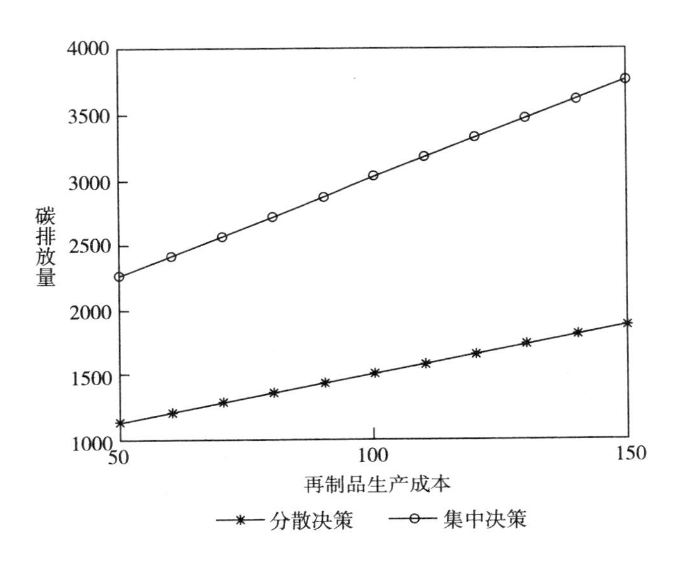

图 4-24　再制品生产成本对碳排放量的影响

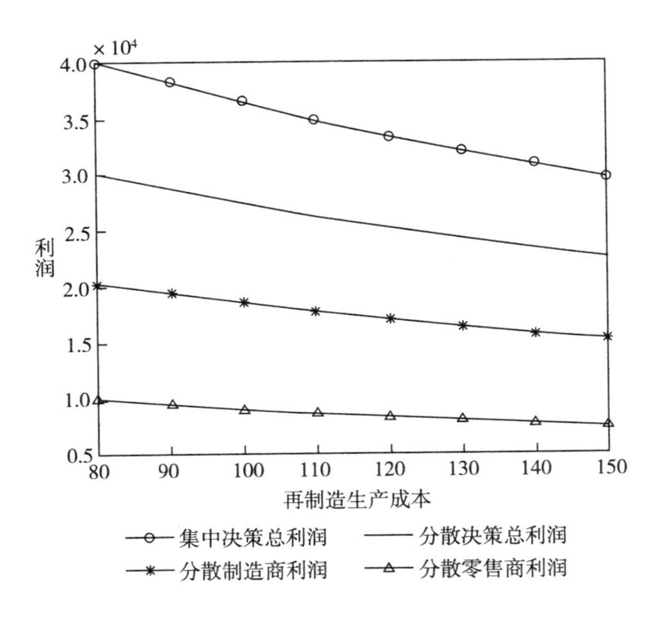

图 4-25　再制品生产成本对利润的影响

这是因为再制品生产成本越高，回收再制造的单位利润就越下降，为了维持收支平衡，废旧产品的回收价格随之降低，进而回收数量减少。此时，制造商更加青睐于新产品的生产制造，在产品市场需求量保持不变的前提下，废旧产品回收数量的减少意味着新产品数量增加，碳交易机制的约束促使企业增大减排投资，从而有利于保护环境。碳交易成本的增加和再制造力度的减弱，共同导致制造商利润随再制品生产成本的增加而持续降低。

综合上述研究，我们发现不仅可以通过提升消费者低碳偏好等方式激励企业加强减排投资，还可以通过降低新产品的生产成本间接实现。当再制品的生产成本降低时，各节点企业的利润持续增高，当新产品与再制品的生产成本差距较大时，节点企业利润也有上升趋势，这意味着闭环供应链的逆向物流对企业的经济发展至关重要。企业必须重视提升再制造技术，尤其是对单位新产品碳排放量较大的企业，如钢铁行业。大力发展再制造技术，降低再制造的生产成本，加大废旧产品的回收力度，可以帮助企业获取更多额外的收益。

我们还发现，无论是新产品还是再制品，只要有一种产品的生产成本降低，对处于同一闭环供应链中的其他企业也会产生积极影响；同样地，如果因为某一制造商企业运营不当，导致产品的生产成本上升，不仅不利于自身的发展，也会影响与自己相关联上游或下游企业的发展状况。因此，各节点企业必须加强生产环节的成本控制工作，通过调整生产结构、改善生产流程等方式来提升企业的运营效率。

（六）具有碳减排技术的闭环供应链的最优运行条件

在闭环供应链成员满足协调条件的情形下，产品销售价格降低，废旧产品回收价格、消费者市场需求量以及闭环供应链的系统总利润值升高，达到集中决策下的最高利润水平，实现系统利润的零内耗。虽然此时制造商的产量有所上升，但因批发价格的降低和回收价格的升高，单位产品的销售收益随之降低，且废旧产品的回收成本增加，协调前后制造商的利润差值为：

$$\Delta\prod_{m1}=\prod_{m1}^{***}-\prod_{m1}^{*}=\frac{1}{8bt}(-(u(e_n-\Delta e)p_e+c_r-c_n)^2bt^2+(-2((e_n-\Delta e)p_e+c_n)^2\left(v+\frac{1}{2}\right)b^2+(-2(e_n-\Delta e)(uQ-k\Delta e-a)p_e+2k\Delta ec_n+2c_n(a-Q)+2Qc_r)b+2\left(v-\frac{1}{2}\right)(a+k\Delta e)^2)t-bQ^2)$$

由式（4-7）可得 $a+k\Delta e>(e_n-\Delta e)p_e+c_n$，进而可得 $\Delta\prod_{m1}<0$，此时，制造商的部分利润向零售商发生了转移。为了鼓励制造商和零售商都能更好地参与到闭环供应链的合作中去，在基于协调条件 1 和条件 2 的基础上，设计补偿契约使系统内部的成员利润实现协调：制造商承诺以单位价格 $\tilde{w}_1$ 向零售商批发产品，并以价格 $\widetilde{p_{m1}}$ 从零售商处回收废旧产品，同时，零售商向制造商转移 $\eta(0<\eta<1)$ 比例的产品销售收益作为“特许经营费”，此时，$\tilde{w}_1=(e_n-\Delta e)p_e+c_n$，$\widetilde{p_{m1}}=u(e_n-\Delta e)p_e+c_n-c_r$。

制造商和零售商的利润函数分别如下：

$$\widetilde{\prod}_{m1}=(\eta p+w-c_n)D+(c_n-c_r-p_m)r-p_e(E_s-E_g)-I \tag{4-27}$$

$$\widetilde{\prod}_{r1}=((1-\eta)p-w)D+(p_m-p_r)r \tag{4-28}$$

要使闭环供应链各节点企业能够主动参与到契约中协调，需要保证满足协调条件下各主体利润都大于协调前的利润，即约束条件为：

$$\widetilde{\prod}_{m1}>\prod_{m1} \tag{4-29}$$

$$\widetilde{\prod}_{r1}>\prod_{r1} \tag{4-30}$$

求解式（4-29）得出 $\eta>\tilde{\eta}_1$，求解式（4-40）得出 $\eta<\tilde{\eta}_2$。其中，

$$\tilde{\eta}_1=\frac{(-t((e_n-\Delta e)p_e+c_n)^2b^2+(-(u(e_n-\Delta e)p_e+c_n-c_r)^2t^2+(-2(e_n-\Delta e)(Qu-k\Delta e-a)p_e+2c_n(a+k\Delta e)+2Q(c_n-c_r))t-Q^2)b-t(a+k\Delta e)^2)}{(2(((e_n-\Delta e)p_e+c_n)b+a+k\Delta e)t(((e_n-\Delta e)p_e+c_n)b-a-k\Delta e))}$$

$$\tilde{\eta}_2=\frac{(-3t((e_n-\Delta e)p_e+c_n)^2b^2+(-3(u(e_n-\Delta e)p_e+c_n-c_r)^2t^2+(-6(e_n-\Delta e)(Qu-k\Delta e-a)p_e+6kc_n\Delta e+6(a-Q)c_n+6Qc_r)t-3Q^2)b-3t(k\Delta e+a)^2)}{(4(((e_n-\Delta e)p_e+c_n)b+k\Delta e+a)t(((e_n-\Delta e)p_e+c_n)b-k\Delta e-a))}$$

即在闭环供应链成员满足协调条件的基础上，若零售商向制造商转移

比例在（$\tilde{\eta}_1$，$\tilde{\eta}_2$）区域内的销售收益，此时分散决策均衡解达到集中决策最优解水平，且制造商利润、零售商利润和系统总利润均比协调前的利润水平高，解决了系统利润的损耗问题。

五、本章小结

本章对于关注碳减排技术投资成本的零售商回收闭环供应链，研究了实现系统最优的协调条件，得出以下主要结论：生产企业集中决策模式下的系统总利润比分散决策的水平高，而协调契约须满足一定的必要条件，才能使成员因收益增加而主动参与协调，进而避免产生总利润损耗。在碳交易下，只有在减排投资成本不超过门槛值的情况下，企业才能够主动实施减排。碳交易价格的增加可以在一定程度上促进企业的减排投资和废旧产品回收再制造，但同时也会间接导致产品销售价格升高，增加消费者的生活成本，引发社会经济发展动力不足。消费者低碳偏好表现越明显，生产企业的经济效益和减排需求越高。生产企业的市场规模越大，对减排投资成本的包容度也越高。

第五章

关注碳减排补贴的闭环供应链优化

本章在碳交易机制的背景下，讨论政府补贴低碳产品生产的闭环供应链决策与协调问题。首先在政府实行碳减排补贴的背景下，求解闭环供应链成员在分散决策模式下的最优定价策略；其次研究在集中决策模式下的最优定价策略，之后将两种不同决策模式下的最优解进行对比和分析；再次对闭环供应链中各节点企业的行为进行刻画，求解实现系统利润零内耗的协调条件，然后在此协调条件的基础上提出具体的协调契约；最后对碳减排补贴系数等参数进行灵敏度分析。

一、问题描述

本章在政府实行碳减排补贴的背景下研究由单一制造商、单一零售商和消费者组成的闭环供应链系统。其中，制造商负责加工原材料生产新产品、对废旧产品进行回收再制造以及碳减排技术投资；零售商负责将从制造商处批发的新产品和再制品销售给消费者，并将从消费者手中回收的废旧产品转移给制造商。在碳交易机制的背景下，政府首先确定对低碳产品生产的补贴力度，其次制造商根据政府对碳减排的补贴程度决定合适的碳减排量，若制造商的总碳排放量高于政府分配的免费碳排放配额，则需从碳交易市场购买额外的碳排放权；若制造商的实际碳排放量低于免费碳排放配额，可以通过碳交易活动来获取额外收益。在碳交易机制背景下，考虑政府实行碳减排补贴的闭环供应链系统如图 5-1 所示。

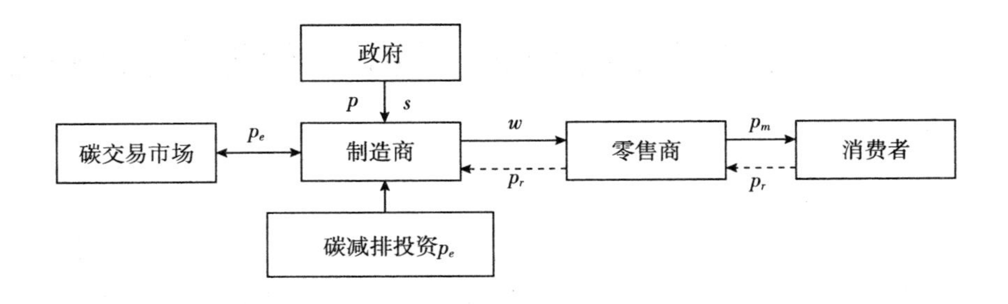

图 5-1　碳交易机制下考虑政府碳减排补贴的闭环供应链结构

二、模型构建与分析

（一）关注碳减排补贴的闭环供应链的分散决策模型

在考虑政府实行碳减排补贴的闭环供应链模型中，制造商的利润函数包括生产销售利润、回收再制造利润、碳减排补贴、碳减排技术投资成本和碳交易的收入差。其中，制造商在生产过程中的实际碳排放总量是生产新产品和再制造过程中的碳排放量之和，即 $E_s=(e_n-\Delta e)D-u(e_n-\Delta e)r$。政府实行碳减排补贴包括新产品的生产和再制品的生产，所以引入减排技术后，生产再制品的单位碳排放量为$(1-u)(e_n-\Delta e)$，即生产再制品的单位减排量为$(1-u)\Delta e$。根据张杰芳(2018)的研究，政府实施单位产品碳减排补贴 s，因此，政府对低碳产品生产的碳减排补贴如下：

$s\Delta e(D-r)+s(1-u)\Delta er$

制造商的利润函数表示如下：

$$\prod_{m2}=(w-c_n)D+(c_n-c_r-p_m)r-p_e(E_s-E_g)-I+s\Delta e(D-r)+s(1-u)\Delta er \tag{5-1}$$

零售商的利润函数包括新产品和再制品的销售利润，以及从消费者手中回收废旧产品的利润。零售商的利润函数表示如下：

$$\prod_{r2}=(p-w)D+(p_m-p_r)r \tag{5-2}$$

采用逆向归纳法进行求解。将式（5-2）分别对产品销售价格 p 和零售商回收价格 p_r 求偏导，得到零售商利润函数 $\prod_{r2}$ 的海森矩阵如下：

$$H_{r2}=\begin{pmatrix}\dfrac{\partial^2\prod_{r2}}{\partial p^2} & \dfrac{\partial^2\prod_{r2}}{\partial p_r\partial p}\\ \dfrac{\partial^2\prod_{r2}}{\partial p\partial p_r} & \dfrac{\partial^2\prod_{r2}}{\partial p_r^2}\end{pmatrix}=\begin{pmatrix}-2b & 0\\ 0 & -2t\end{pmatrix}$$

已知消费者对产品销售价格的敏感系数 $b>0$，对废旧产品回收价格的敏感系数 $t>0$，即偏导数 $\dfrac{\partial^2\prod_{r2}}{\partial p^2}<0$，$\dfrac{\partial^2\prod_{r2}}{\partial p_r^2}<0$，海森矩阵 $|H_{r2}|>0$，易证，零售商利润函数 $\prod_{r2}$ 的海森矩阵负定，从而确定 $\prod_{r2}$ 是关于 p 和 p_r 的严格凹函数，故存在唯一最优解，使零售商的利润函数值最大。

求解 $\prod_{r2}$ 关于 p 和 p_r 的一阶偏导数，联立方程组可得零售商根据制造商决策的最优反应函数为 $p=\dfrac{a+k\Delta e+bw}{2b}$、$p_r=\dfrac{tp_m-Q}{2t}$。将 p 和 p_r 代入式（5-1），分别计算制造商利润函数 $\prod_{m2}$ 关于产品批发价格 w 和制造商回收价格 p_m 的一阶偏导数并令其等于 0，得到在分散决策模式下制造商的最优定价策略：

$$w_2^*=\frac{b((e_n-\Delta e)p_e-s\Delta e+c_n)+k\Delta e+a}{2b} \tag{5-3}$$

$$p_{m2}^*=\frac{(((e_n-\Delta e)p_e-s\Delta e)u+c_n-c_r)t-Q}{2t} \tag{5-4}$$

将 w_2^* 和 p_{m2}^* 代入 p 和 p_r，得到在分散决策模式下零售商的最优定价策略：

$$p_2^* = \frac{((e_n-\Delta e)p_e-s\Delta e+c_n)b+3k\Delta e+3a}{4b} \tag{5-5}$$

$$p_{r2}^* = \frac{(((e_n-\Delta e)p_e-s\Delta e)u+c_n-c_r)t-3Q}{4t} \tag{5-6}$$

此时，市场需求量和废旧产品回收量分别如下：

$$D_2^* = \frac{((\Delta e-e_n)p_e+s\Delta e-c_n)b+k\Delta e+a}{4} \tag{5-7}$$

$$r_2^* = \frac{(((e_n-\Delta e)p_e-s\Delta e)u+c_n-c_r)t+Q}{4} \tag{5-8}$$

将上述最优决策代入式（5-1）和式（5-2），即可求得在分散决策模式下，制造商与零售商可实现的最大利润：

$$\prod\nolimits_{m2}^* = \frac{1}{8bt}((-u(s+p_e)\Delta e+e_np_eu+c_n-c_r)^2bt^2+(((-s-p_e)\Delta e+e_np_e+c_n)^2b^2+((2ks+2kp_e-4h)\Delta e^2+((-2Qu-2ke_n+2a)p_e-2Qsu-2kc_n+2as)\Delta e+(2ue_nQ-2ae_n+8E_g)p_e+2(Q-a)c_n-2Qc_r)b+(k\Delta e+a)^2)t+bQ^2)$$

$$\prod\nolimits_{r2}^* = \frac{1}{16bt}((u+(s+p_e)\Delta e-e_np_eu-c_n+c_r)^2bt^2+(((-s-p_e)\Delta e+e_np_e+c_n)^2b^2+(2k(s+p_e)\Delta e^2+((-2Qu-2ke_n+2a)p_e-2Qsu-2kc_n+2as)\Delta e+2e_n(uQ-a)p_e+2(Q-a)c_n-2Qc_r)b+(k\Delta e+a)^2)t+bQ^2)$$

此时，闭环供应链系统总利润如下：

$$\prod\nolimits_{c2}^* = \frac{1}{16bt}(3(-u(s+p_e)\Delta e+e_np_eu+c_n-c_r)^2bt^2+(3((-s-p_e)\Delta e+e_np_e+c_n)^2b^2+((6ks+6kp_e-8h)\Delta e^2+((-6Qu-6ke_n+6a)p_e-6Qsu-6kc_n+6as)\Delta e+(6ue_nQ-6ae_n+16E_g)p_e+6(Q-a)c_n-6Qc_r)b+3(k\Delta e+a)^2)t+3bQ^2)$$

最优单位减排量如下：

$$\Delta e_2^* = \frac{((s+p_e)(e_np_e+c_n)b^2+(e_np_e^2tu^2+(e_nstu^2+((c_n-c_r)t+Q)u+ke_n-a)p_e+(((c_n-c_r)t+Q)u-a)s+kc_n)b-ka)}{((s+p_e)^2b^2+(p_e^2tu^2+(2stu^2+2k)p_e+s^2tu^2+2ks-4h)b+k^2)} \quad (5-9)$$

（二）关注碳减排补贴的闭环供应链的集中决策模型

在集中决策模式下，整个闭环供应链作为同一个利益主体，以实现系统利润最大化为目标进行定价决策。此时，闭环供应链整体收益包括生产销售利润、回收再制造利润、碳减排补贴收益、碳减排投资成本和碳交易的收入差。碳交易机制背景下，考虑政府补贴的闭环供应链在集中决策模式下的系统总利润函数表示如下：

$$\prod_{c2}=(p-c_n)D+(c_n-c_r-p_r)r-p_e(E_s-E_g)-I+d\Delta e(D-r)+d(1-u)\Delta er \quad (5-10)$$

将系统总利润函数$\prod_{c2}$分别对 w、p_m、p、p_r 求解一阶偏导数，联立 $\frac{\partial\prod_{c2}}{\partial w}=0$、$\frac{\partial\prod_{c2}}{\partial p_m}=0$、$\frac{\partial\prod_{c2}}{\partial p}=0$、$\frac{\partial\prod_{c2}}{\partial p_r}=0$，可得集中决策模式下产品最优销售价格 p_2^{**} 和零售商从消费者手中回收废旧产品的单位价格 p_{r2}^{**}：

$$p_2^{**}=\frac{((e_n-\Delta e)p_e-s\Delta e+c_n)b+k\Delta e+a}{2b} \quad (5-11)$$

$$p_{r2}^{**}=\frac{(((e_n-\Delta e)p_e-s\Delta e)u+c_n-c_r)t-Q}{2t} \quad (5-12)$$

进而得到集中决策模式下，产品市场需求量和废旧产品回收量如下：

$$D_2^{**}=\frac{((\Delta e-e_n)p_e+s\Delta e-c_n)b+k\Delta e+a}{2} \quad (5-13)$$

$$r_2^{**}=\frac{(((e_n-\Delta e)p_e-s\Delta e)u+c_n-c_r)t+Q}{2} \quad (5-14)$$

代入上述求得的产品最优销售价格 p_2^{**}，最优回收价格 p_{r2}^{**}，市场需求量 D_2^{**} 和废旧产品回收量 r_2^{**}，得出闭环供应链系统在集中决策模式下的最大利润：

$$\prod_{c2}^{**}=\frac{1}{4bt}((-u(s+p_e)\Delta e+e_np_eu+c_n-c_r)^2bt^2+(((-s-p_e)\Delta e+e_np_e+$$

$c_n)^2b^2+((2ks+2kp_e-2h)\Delta e^2+((-2Qu-2ke_n+2a)p_e-2Qsu-2kc_n+2as)\Delta e+(2ue_nQ-2ae_n+4E_g)p_e+2(Q-a)c_n-2Qc_r)b+(k\Delta e+a)^2)t+bQ^2)$

最优单位碳减排量如下：

$$\Delta e_2^{**}=\frac{((s+p_e)(e_np_e+c_n)b^2+(e_np_e^2tu^2+(e_nstu^2+((c_n-c_r)t+Q)u+ke_n-a)p_e+(((c_n-c_r)t+Q)u-a)s+kc_n)b-ka)}{((s+p_e)^2b^2+(p_e^2tu^2+(2stu^2+2k)p_e+s^2tu^2+2ks-2h)b+k^2)} \quad (5-15)$$

（三）两种决策模式的比较分析

本节通过对分散决策和集中决策模式下的均衡解进行对比、分析和讨论，得出以下命题。

命题 5-1：与集中决策相比，考虑政府实行碳减排补贴的闭环供应链在分散决策模式下，销售定价高于集中决策水平，产品市场需求量、废旧产品回收价格和回收数量均低于集中决策水平，且分散决策下制造商和零售商的利润之和低于集中决策模式下的系统总利润。

证明：由分散决策模式下最大市场需求量 $D_2^*=\frac{((\Delta e-e_n)p_e+s\Delta e-c_n)b+k\Delta e+a}{4}>0$ 可知，参数变量满足关系 $a+k\Delta e>((e_n-\Delta e)p_e-s\Delta e+c_n)b$，以此为依据判断集中决策与分散决策模式下最优均衡解的大小关系：

$$\Delta p_2=p_2^{**}-p_2^*=\frac{((e_n-\Delta e)p_e-s\Delta e+c_n)b-k\Delta e-a}{4b}<0$$

$$\Delta p_{r2}=p_{r2}^{**}-p_{r2}^*=\frac{(((e_n-\Delta e)p_e-s\Delta e)u+c_n-c_r)t+Q}{4t}>0$$

$$\Delta D_2=D_2^{**}-D_2^*=\frac{((s+p_e)\Delta e-e_np_e-c_n)b+k\Delta e+a}{4}>0$$

$$\Delta r_2=r_1^{**}-r_1^*=\frac{(((e_n-\Delta e)p_e-s\Delta e)u+c_n-c_r)t+Q}{4}>0$$

$$\Delta\prod_{c2}=\prod_{c2}^{**}-\prod_{c2}^{*}=\frac{1}{16bt}(b(u(s+p_e)\Delta e-e_np_eu-c_n+c_r)^2t^2+(((-s-$$

$p_e)\Delta e+e_np_e+c_n)^2b^2+(2k(s+p_e)\Delta e^2+((-2Qu-2ke_n+2a)p_e-2Qsu-2kc_n+2as)\Delta e+2e_n(uQ-a)p_e+2(Q-a)c_n-2Qc_r)b+(k\Delta e+a)^2)t+bQ^2)=\frac{E+(F+G)t+bQ^2}{16bt}$

其中，$E=b(u(s+p_e)\Delta e-e_np_eu-c_n+c_r)^2t^2$

$F=(((e_n-\Delta e)p_e-s\Delta e+c_n)b-(k\Delta e+a))^2$

$G=(((e_n-\Delta e)p_e-s\Delta e)u+c_n-c_r)Q$

易知，$E>0$，$F>0$，由分散决策模式下制造商的回收价格：

$$p_{m2}^*=\frac{(((e_n-\Delta e)p_e-s\Delta e)u+c_n-c_r)t-Q}{2t}>0$$

可知，参数变量满足不等式$(((e_n-\Delta e)p_e-s\Delta e)u+c_n-c_r)t>Q>0$，因为消费者对回收价格敏感系数$t>0$，所以$((e_n-\Delta e)p_e-s\Delta e)u+c_n-c_r>0$，$G>0$，进而集中决策与分散决策利润差$\Delta\Pi_{c2}=\Pi_{c2}^{**}-\Pi_{c2}^*>0$，证毕。

命题5-1表明，考虑政府实行碳减排补贴的闭环供应链中，分散决策模式下的回收价格和回收数量较集中决策水平更低，说明分散决策模式抑制了闭环供应链的逆向物流发展，即分散决策模式不符合循环经济的理念。同时，分散决策模式下的产品批发价格更高，影响消费者的购买能力，导致市场需求量下降，市场需求逐渐萎缩，不利于企业的长期可持续发展。

由此我们可以得出结论：分散决策存在双重边际效益，使产品的销售价格上涨，市场需求量下降，在损害消费者利益的同时，企业也减少了产品的市场占有率，不利于长期发展；为了在回收过程中获取利润，零售商会根据制造商确定的回收价格压低给予消费者的回收价格，从而阻碍了回收市场的流通，最终导致闭环供应链系统总利润低于集中决策水平，利润损耗现象严重。

命题5-2：在考虑政府实行碳减排补贴的闭环供应链中，消费者的低碳偏好、市场基本可回收量以及再制造水平越高，集中决策与分散决策模式下的利润差值越大。同时，政府补贴越多，利润差值也越大。

证明：将两种决策模式下的利润差值$\Delta\Pi_{c2}$对消费者的低碳偏好k、市场基本可回收量Q、再制造水平u和政府补贴s求偏导，可得关系：

$$\frac{\partial\Delta\prod_{c2}}{\partial k}=\frac{(((\Delta e-e_n)p_e+s\Delta e-c_n)b+k\Delta e+a)\Delta e}{8b}>0$$

$$\frac{\partial\Delta\prod_{c2}}{\partial u}=\frac{((e_n-\Delta e)p_e-s\Delta e)((u((e_n-\Delta e)p_e-s\Delta e)+c_n-c_r)t+Q)}{8}>0$$

$$\frac{\partial\Delta\prod_{c2}}{\partial Q}=\frac{(u((e_n-\Delta e)p_e-s\Delta e)+c_n-c_r)t+Q}{8t}>0$$

$$\frac{\partial\Delta\prod_{c2}}{\partial s}=-\frac{(((((e_n-\Delta e)p_e-s\Delta e)u+c_n-c_r)t+Q)u+b((e_n-\Delta e)p_e-s\Delta e+c_n)b-\Delta e-a)\Delta e}{8}$$

令 $H=((((e_n-\Delta e)p_e-s\Delta e)u+c_n-c_r)t+Q)$

$J=((\Delta e-e_n)p_e+s\Delta e-c_n)b+k\Delta e+a$

则在分散决策模式下，废旧产品回收量 $r_2^*=\frac{H}{4}>0$，产品市场需求量 $D_2^*=\frac{J}{4}>0$，因为产品市场需求量大于废旧产品回收量，即 $D_2^*>r_2^*$，所以 $J>H>0$，又因再制造水平 $0<u<1$，所以$\frac{\partial\Delta\prod_{c2}}{\partial s}=-\frac{(Hu-J)\Delta e}{8}>0$，证毕。

命题 5-2 表明，政府采取补贴政策的背景下，在消费者的回收意识和环保意识不断增强、企业再制造技术迅速发展的环境中，采取集中决策的闭环供应链系统会更加具备市场竞争力。同时，政府采取补贴政策会拉开两种决策模式下的系统总利润差距，且补贴力度越大，集中决策的优势越明显。

命题 5-3：在考虑政府实行碳减排补贴的闭环供应链中，无论是分散决策还是集中决策模式，制造商利润和系统总利润均随政府分配的免费碳排放配额增大而增大，零售商利润和其他决策变量与免费碳排放配额大小无关。

证明：分别对分散决策和集中决策模式下的产品最优销售价格、回收价格、市场需求量、废旧产品回收量、各节点企业利润和系统总利润求关于免费碳排放配额 E_g 的一阶偏导数，可得：

$$\frac{\partial p_2^*}{\partial E_g}=\frac{\partial p_2^{**}}{\partial E_g}=\frac{\partial p_{r2}^*}{\partial E_g}=\frac{\partial p_{r2}^{**}}{\partial E_g}=\frac{\partial D_2^*}{\partial E_g}=\frac{\partial D_2^{**}}{\partial E_g}=\frac{\partial r_2^*}{\partial E_g}=\frac{\partial r_2^{**}}{\partial E_g}=\frac{\partial \prod_{r2}^*}{\partial E_g}=0$$

$$\frac{\partial \prod_{m2}^*}{\partial E_g}=\frac{\partial \prod_{c2}^*}{\partial E_g}=\frac{\partial \prod_{c2}^{**}}{\partial E_g}=p_e>0$$

证毕。

由命题5-3可知，在考虑政府实行碳减排补贴的闭环供应链中，免费碳排放配额的改变只对制造商利润和系统总利润产生正向影响，与零售商利润和其他决策变量无关。这是因为随着免费碳排放配额增多，制造商需要从碳交易市场购买额外的配额量减少，碳交易成本降低，同时，制造商还能通过出售多余配额来获取收益，进而系统总利润升高。结合命题3-3可以得出，无论政府是否采取补贴政策，也无论闭环供应链成员是选择分散决策还是选择集中决策模式，调整政府分配给企业的免费碳排放额度只会影响参与碳交易机制的企业总收益，不会对产品市场定价和货物流通产生影响，要使碳交易政策发挥市场调控作用，就必须从改变碳交易价格等其他方面入手。

命题5-4：实行碳交易机制或提高碳交易价格 p_e，可以激励制造商提升碳减排量 Δe 的充分必要条件是：制造商引入减排技术的投资成本系数满足条件：

$$h<\frac{k^2(s\Delta e+w-c_n)}{ke_n+u(Q+tp_m)-a+bw} \tag{5-16}$$

证明：由式（5-9）可知，分散决策模式下最优单位碳减排量如下：

$$\Delta e_2^*=\frac{(ke_n+u(Q+tp_m)+bw-a)p_e+(u(Q+tp_m)bw-a)s-k(w-c_n)}{2ks+2kp_e-2h}$$

在无碳交易机制的情况下，即碳交易价格 $p_e=0$ 时，

$$\frac{\partial \Delta e_2^*}{\partial p_e}\Big|_{p_e=0}=\frac{(-ke_n-(Q+tp_m)u+a-bw)h+k^2(se_n+w-c_n)}{2(ks-h)^2}$$

如果减排投资成本系数 h 满足不等式关系（5-16），则 $\frac{\partial \Delta e_2^*}{\partial p_e}\Big|_{p_e=0}>0$，这表示政府实施碳交易机制或者提升碳交易价格可以刺激企业提升最优减

排量。如果减排投资成本系数 h 不满足式（5-16），碳交易价格的提升将会使最优碳减排量下降或维持不变，证毕。

由命题 5-4 可得，在考虑碳减排补贴的闭环供应链中，政府能够通过实行碳交易机制实现对企业减排进行宏观调控，其充分必要条件是：无碳交易机制的产品市场下，制造商引入碳减排技术的投资成本系数不大于 $\frac{k^2(s\Delta e+w-c_n)}{ke_n+u(Q+tp_m)-a+bw}$。如果不满足该条件，碳交易机制在市场中失效，甚至可能对制造商的减排决策产生抑制作用。

命题 5-5：政府对生产低碳产品的碳减排补贴力度 s 越大，减排投资成本 h 可变动的范围就越大，碳交易机制对企业减排的调节作用越行之有效。

证明：根据命题 5-4 的结论，令 $M_2=\frac{k^2(s\Delta e+w-c_n)}{ke_n+u(Q+tp_m)-a+bw}$，求导得出 $\frac{\partial M_2}{\partial s}=\frac{k^2e_n}{ke_n+u(p_mt+Q)+bw-a}>0$，这表明政府对碳减排的补贴越多，减排投资成本系数的上限 M_2 越大，不等式条件（5-16）越容易满足，碳交易机制对市场的调节作用更加有效，证毕。

从命题 5-5 中可以得出，政府加大对低碳产品生产的碳减排补贴力度，可以促进闭环供应链的循环发展，并推动了企业碳减排技术的提升，有助于碳交易机制的顺利实施。

三、关注碳减排补贴的闭环供应链的最优性分析

闭环供应链成员在分散决策模式下的双重加价行为造成系统严重内耗，不仅降低企业当下的实际收益，还会影响企业的长期发展和市场占有情况，因此，本节研究解决系统利润损耗问题的协调条件很有必要。

（一）关注碳减排补贴的闭环供应链模型分析

在考虑政府实行碳减排补贴的闭环供应链中，制造商和零售商的决策空间分别会对对方决策产生依赖。制造商在确定产品的批发价格和回收价格之前，会先预估零售商的决策空间，并将结果考虑进自己的目标函数和决策约束中，之后结合政府制定的碳交易机制和碳减排补贴政策，做出实现自身利润最大化的最优定价策略。同样地，零售商也需根据制造商确定的批发价格和回收价格决定自己的销售价格和回收价格。

在这场动态博弈过程中，每一位参与者的行为决策都会影响其他参与者的目标函数和决策约束，且其他参与者的策略也会对自身的目标函数和决策约束产生影响，由此可见，各方成员之间是相互依赖、相互影响的关系，这种非合作动态博弈属于广义 Nash 均衡博弈，我们选择变分不等式方法对该广义 Nash 均衡模型进行分析并求解。

通过本章前文的计算，我们已经得到考虑政府对生产低碳产品进行碳减排补贴的各节点企业最优策略，在此基础上，通过变分不等式方法对每一位参与者的决策行为进行刻画，求解使分散决策均衡解达到集中决策最优解水平的协调条件。

（二）模型的变分不等式刻画

在考虑政府实行碳减排补贴的闭环供应链中，当各节点企业在分散决策模式下的最优定价决策达到集中决策最优点（w'_2，p'_{m2}，p_2^{**}，p_{r2}^{**}）时，整个系统的利润损耗值最低。为方便表示，设 $x_2=(w_2,\ p_{m2},\ p_2,\ p_{r2})$，$x_2^*=(w'_2,\ p'_{m2},\ p_2^{**},\ p_{r2}^{**})$。

1. 制造商的优化分析

对于制造商，设 $F_{m2}(w,\ p_m)=\nabla\prod_{m2}(w,\ p_m)$，因为$\dfrac{\partial\prod_{m2}}{\partial w}=a-bp+k\Delta e$，

$\dfrac{\partial\prod_{m2}}{\partial p_m}=-Q-tp_r$，所以，$F_{m2}(w,\ p_m)=(a-bp+k\Delta e,\ -Q-tp_r)^T$

设实现系统利润最大化的最优点为 $(w,\ p_m)=(w'_2,\ p'_{m2})$，将制造商的利润模型表达为变分不等式：

$F_{m2}(w'_2,\ p'_{m2})((w_2,\ p_{m2})-(w'_2,\ p'_{m2}))\geqslant 0,\ \forall w_2>0,\ p_{m2}>0$

也即

$$(a-bp+k\Delta e)(w_2-w'_2)+(-Q-tp_r)(p_{m2}-p'_{m2})\geqslant 0 \tag{5-17}$$

对于任意 $w_2>0$，$p_{m2}>0$ 成立。

将集中决策模式下的最优产品销售价格 p_2^{**} 和从零售商的最优回收价格 p_{r2}^{**} 代入式（5-17），得出表达式：

$$\frac{((s+p_e)\Delta e-e_np_e-c_n)b+k\Delta e+a}{2}(w_2-w'_2)+\frac{(((e_n-\Delta e)p_e+s\Delta e)u-c_n+c_r)t-Q}{2}(p_{m2}-p'_{m2})\geqslant 0 \tag{5-18}$$

对于任意 $w_2>0$，$p_{m2}>0$ 成立。

综上所述，当式（5-18）成立时，$(w'_2,\ p'_{m2})$ 是制造商的最优决策。

2. 零售商的优化分析

对于零售商，设 $F_{r2}(p,\ p_r)=\nabla\prod_{r2}(p,\ p_r)$，因为 $\frac{\partial\prod_{r2}}{\partial p}=a+k\Delta e+b(w-2p)$，$\frac{\partial\prod_{r2}}{\partial p_r}=(p_m-2p_r)t-Q$，所以

$F_{r2}(p,\ p_r)=(a+k\Delta e+b(w-2p),\ (p_m-2p_r)t-Q)^T$

因为实现系统利润最大化的最优决策点是 $(p_2^{**},\ p_{r2}^{**})$，所以可将零售商的利润模型表达为变分不等式：

$F_{r2}(p_2^{**},\ p_{r2}^{**})((p_2,\ p_{r2})-(p_2^{**},\ p_{r2}^{**}))\geqslant 0,\ \forall p_2\geqslant 0,\ p_{r2}\geqslant 0$

也即

$$(a+k\Delta e+b(w-2p))(p_2-p_2^{**})+((p_m-2p_r)t-Q)(p_{r2}-p_{r2}^{**})\geqslant 0 \tag{5-19}$$

对于任意 $p_2>0$，$p_{r2}>0$ 成立。

将集中决策模式下的产品最优销售价格 p_2^{**} 和零售商的回收价格 p_{r2}^{**} 代入式（5-19），得到表达式：

$$b((\Delta e-e_n)p_e+s\Delta e+w-c_n)\left(p_2-\frac{((-s-p_e)\Delta e+e_np_e+c_n)b+k\Delta e+a}{2b}\right)+t$$

$$(((\Delta e-e_n)p_e+s\Delta e)u-c_n+c_r+p_m)\left(p_{r2}-\frac{(((e_n-\Delta e)p_e-s\Delta e)u+c_n-c_r)t-Q}{2t}\right)\geqslant 0$$

（5-20）

对于任意 $p_2>0$，$p_{r2}>0$ 成立。也就是说，当式（5-20）成立时，p_2^{**}、p_{r2}^{**} 是零售商的最优决策。

（三）模型的最优性分析

要解决闭环供应链中的各节点企业在动态博弈过程中存在的利润损耗问题，使协调条件下的最优决策和系统总利润与集中决策相等，节点企业需同时满足以下两个条件：

条件 1：$w_2=(e_n-\Delta e)p_e-s\Delta e+c_n$

条件 2：$p_{m2}=((e_n-\Delta e)p_e-s\Delta e)u+c_n-c_r$

证明：在闭环供应链网络中，影响系统总利润的决策变量为产品的销售价格 p 和零售商的回收价格 p_r，而制造商的批发价格 w 和回收价格 p_m 作为中间变量，主要通过制造商与零售商的动态博弈间接影响零售商的最优定价决策。因此，要使分散决策模式下的系统总利润达到集中决策下的利润水平，需使不等式（5-20）成立，即满足条件：

$$\begin{cases}b((\Delta e-e_n)p_e+s\Delta e+w-c_n)=0\\t(((\Delta e-e_n)p_e+s\Delta e)u-c_n+c_r+p_m)=0\end{cases} \tag{5-21}$$

化简式（5-21）得到以下等价条件：

$$\begin{cases}w=(e_n-\Delta e)p_e-s\Delta e+c_n\\p_m=((e_n-\Delta e)p_e-s\Delta e)u+c_n-c_r\end{cases} \tag{5-22}$$

令制造商的产品单位批发价格 $w_2^{***}=(e_n-\Delta e)p_e-s\Delta e+c_n$，制造商的回收价格 $p_{m2}^{***}=((e_n-\Delta e)p_e-s\Delta e)u+c_n-c_r$，代入式（5-1）和式（5-2），可分别得到满足协调条件下的制造商与零售商的利润函数：

$$\prod{}_{m2}^{***}=E_gp_e-I \tag{5-23}$$

$$\prod{}_{r2}^{***}=(p-c_n+s\Delta e-(e_n-\Delta e)p_e)D+(c_n-c_r-p_r+u((e_n-\Delta e)p_e-s\Delta e))r$$

（5-24）

求满足协调条件的零售商利润Π_{r2}^{***}关于p和p_r的一阶偏导数并等于0，联立方程组，得到零售商的最优定价策略：

$$p_2^{***}=\frac{((-s-p_e)\Delta e+e_n p_e+c_n)b+k\Delta e+a}{2b} \tag{5-25}$$

$$p_{r2}^{***}=\frac{(((e_n-\Delta e)p_e-s\Delta e)u+c_n-c_r)t-Q}{2t} \tag{5-26}$$

将上述最优解代入式（5-23）和式（5-24），得到满足协调条件下的制造商和零售商利润，进而得到系统总利润值。

通过对比发现，$p_2^{***}=p_2^{**}$，$p_{r2}^{***}=p_{r2}^{**}$，$\Pi_{c2}^{***}=\Pi_{c2}^{**}$，即在考虑碳减排补贴的闭环供应链中，如果同时满足条件1和条件2，零售商的最优定价策略与集中决策相等，此时，制造商的最优单位减排量与集中决策下的减排水平相等，且均大于分散决策模式，系统总利润也达到集中决策下的利润水平，消除了分散决策对闭环供应链系统造成的利润损耗影响，实现利润零内耗。因此，条件1和条件2得证。证毕。

四、具有碳减排补贴的闭环供应链的影响因素分析与最优运行条件

（一）不同决策模式的影响分析

为了更进一步分析政府采取低碳补贴政策和碳交易政策对闭环供应链定价决策的影响情况，进而给出相应的管理启示，本节通过数值分析将决策变量的变化趋势以更加直观的方式展现出来。设定$c_n=200$、$c_r=120$、$a=1000$、$b=2.5$、$k=10$、$Q=20$、$t=2.5$、$e_n=30$、$u=0.6$、$E_g=1500$、$h=50$、$p_e=2$、$s=2$。运用Matlab软件仿真结果如下。

通过计算可知，$\tilde{\lambda}_1=0.2011$、$\tilde{\lambda}_2=0.3017$，收益共享系数对协调前后制造商和零售商的利润差值影响情况如图 5-2 所示。选取中位数 $\lambda=0.25$，将分散决策模式、集中决策模式和满足协调契约下的最优结果进行数值仿真和比较，如表 5-1 所示。

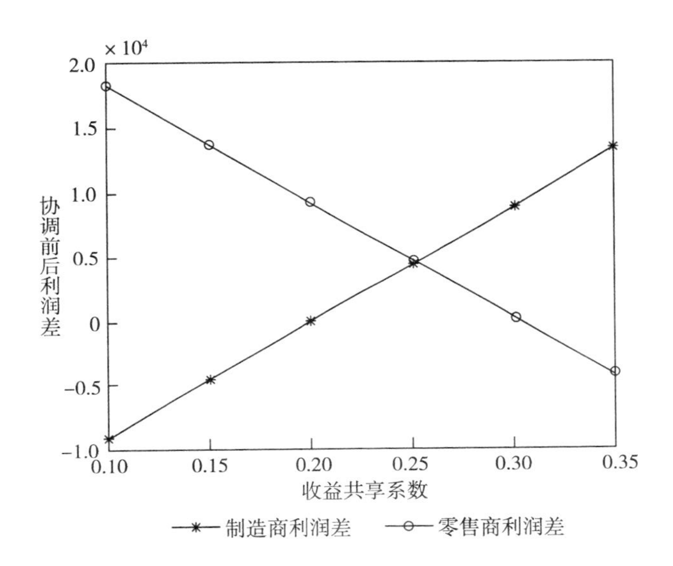

图 5-2　政府减排补贴下销售收益共享比例对协调前后利润差值的影响

表 5-1　政府减排补贴下分散决策、集中决策和协调后的定价决策对比

变量	分散决策	集中决策	协调契约	结果比较
w	330	—	220	$w_2^{***}<w_2^*$
p_m	42	—	92	$p_{m2}^{***}>p_{m2}^*$
p	385	330	330	$p_2^{***}=p_2^{**}<p_2^*$
p_r	17	42	42	$p_{r2}^{***}=p_{r2}^{**}>p_{r2}^*$
D	138	275	275	$D_2^{***}=D_2^{**}>D_2^*$
r	63	125	125	$r_2^{***}=r_2^{**}>r_2^*$

续表

变量	分散决策	集中决策	协调契约	结果比较
Π_{m2}	18750	—	23188	$\Pi_{m2}^{***} > \Pi_{m2}^{*}$
Π_{r2}	9125	—	13813	$\Pi_{r2}^{***} > \Pi_{r2}^{*}$
Π_{c2}	27875	37000	37000	$\Pi_{c2}^{***} = \Pi_{c2}^{**} > \Pi_{c2}^{*}$

由图 5-2 可知，当销售收益共享系数满足关系 $\lambda \in (0.20, 0.30)$ 时，协调前后的利润差值大于 0，满足协调契约的闭环供应链成员利润高于协调前的利润水平，各节点企业会因收益增加而有动力主动参与协调，因而协调契约有效。

由表 5-1 可知，在考虑政府实行碳减排补贴的闭环供应链中，①集中决策模式下的产品销售价格相较于分散决策水平低，废旧产品回收价格相较于分散决策水平高。②产品的市场需求量、废旧产品回收量以及闭环供应链的整体利润在集中决策模式和协调契约下的水平更高。由此可见，分散决策模式存在的双重边际效应影响系统的整体收益，命题 5-1 得证。③满足协调契约的闭环供应链最优定价策略和系统总利润与集中决策相等，且各主体利润也高于协调前的利润水平，说明本章设计的协调机制可以有效实现集中决策效果，且各节点企业有动力主动参与协调，不仅解决了因决策目标不一致而产生的利润损耗问题，同时还实现了闭环供应链的协调。

（二）碳减排补贴的影响分析

为探索政府实行碳减排补贴对闭环供应链的最优定价决策和利润的影响情况，设定其他参数不变，做出分散决策与集中决策下的产品销售价格和市场需求量、废旧产品回收价格、回收数量、各主体利润和最优减排量在 $s \in (1, 3)$ 区域内的图像并分析，如图 5-3 至图 5-8 所示。

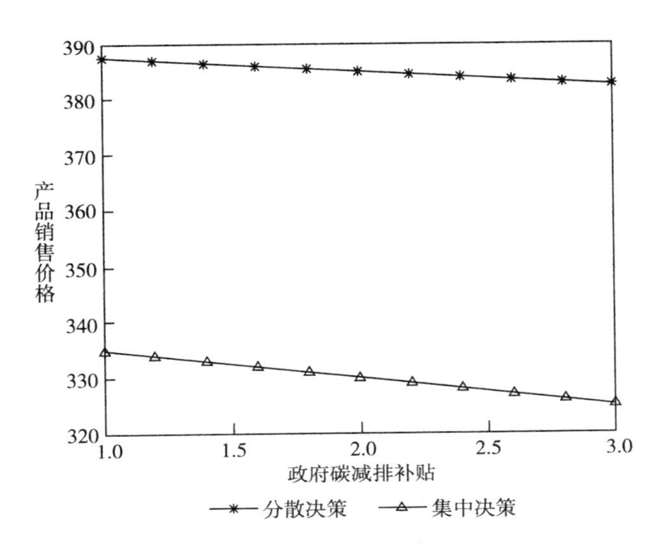

图 5-3　碳减排补贴对销售价格影响

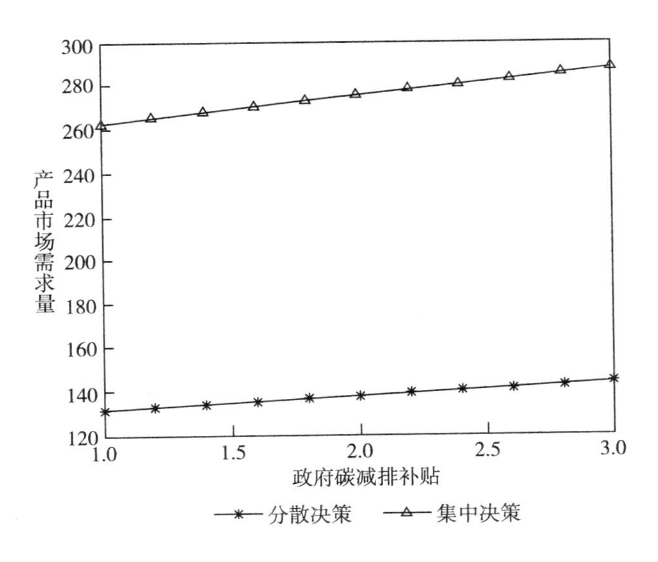

图 5-4　碳减排补贴对市场需求的影响

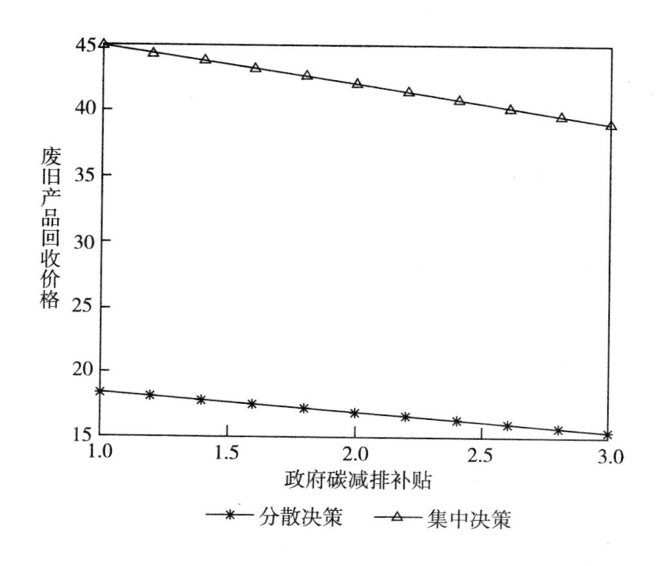

图 5-5　碳减排补贴对回收价格的影响

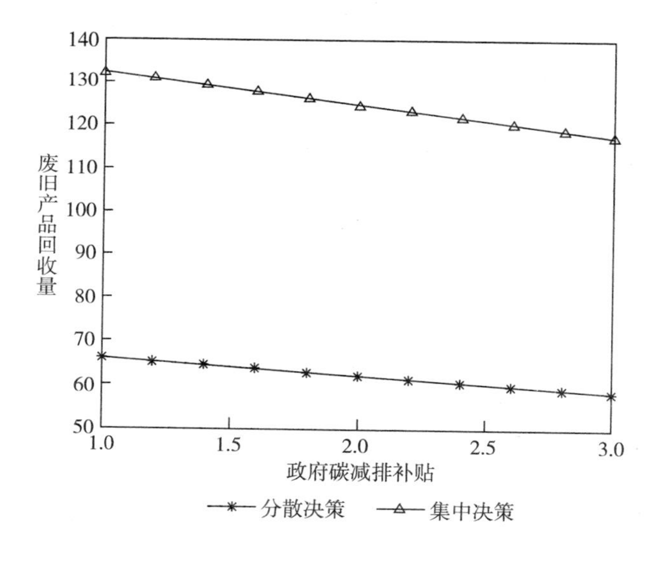

图 5-6　碳减排补贴对回收数量的影响

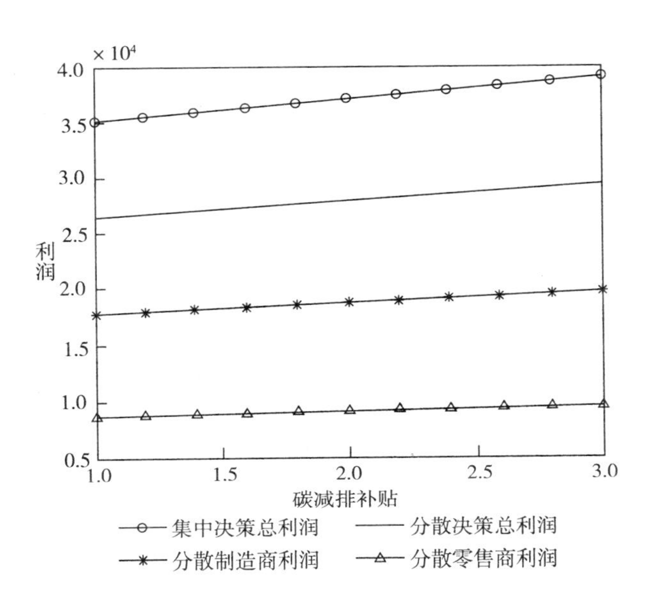

图 5-7　碳减排补贴对利润的影响

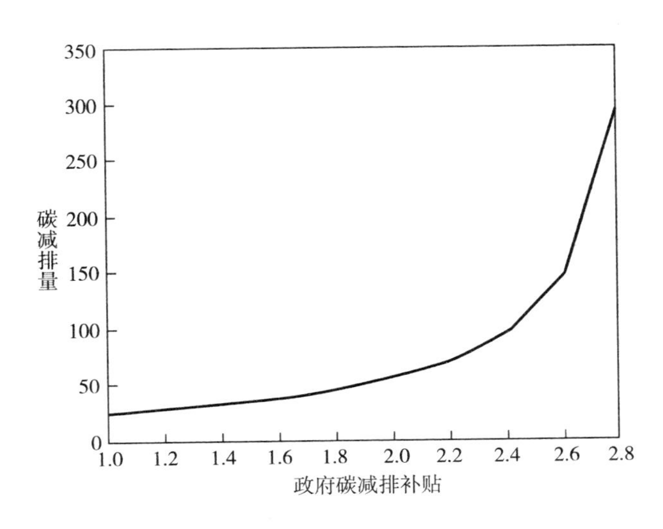

图 5-8　碳减排补贴对碳减排量的影响

由图 5-3 至图 5-8 可知，在考虑政府实行碳减排补贴的闭环供应链中，无论分散决策模式还是集中决策模式，产品销售价格、废旧产品回收价格和回收数量与政府的碳减排补贴力度呈负相关关系，产品市场需求量、各主体利润和系统总利润，以及最优碳减排量与政府补贴力度呈正相关关系。

这是因为随着政府对碳减排的补贴力度加大，企业更有动力积极引入减排技术，大力发展低碳产品，提升产品的单位碳减排量，从而刺激有低碳偏好的消费者，产品市场需求量随之上升。同时，政府补贴降低了企业的减排投资成本或者增加了企业的额外收入，因而系统总利润也随减排补贴力度的增加而增加。但是，总投入资金保持稳定，故回收资金减少，回收价格降低，回收数量也因此受到影响。

因此，虽然加大政府补贴力度可以提升企业碳减排的主动性和积极性，有助于企业扩大产品的市场占有率，进而实现环境、企业和消费者多赢的局面。但是，政府实施碳减排补贴会使企业将生产重心转移到碳排放问题上，更加专注于碳减排技术的投入与研发工作，在某种程度上抑制了废旧产品的回收再制造过程，削弱了逆向物流的流通，不利于闭环供应链的可持续循环发展。由此我们得出结论：政府对生产低碳产品的碳减排补贴金额并非越多越好，如果补贴政策无法从根本上激发起企业碳减排的积极性，企业会将这笔额外收入存储起来或者投入到其他项目中，碳减排效果降低，且资源的利用率下降，不仅没有改善温室气体排放问题，还造成了国家资源的浪费。

鉴于此现象，从政府的角度分析，要有针对性地对不同行业制定合适的碳减排补贴金额，同时加强对碳减排补贴的跟踪和管理，提升补贴的使用效率，确保补贴政策对企业的减排投资工作真正起到激励作用。从企业的角度分析，无论政府是否补贴低碳产品的生产，都应重视生产过程的环境效应，积极研发碳减排技术，尽可能降低在生产过程中的碳排放量和产品的销售价格。

（三）碳交易价格的影响分析

为了降低生产制造过程中的碳排放量，激励企业积极研发低碳减排技术，政府除了制定碳交易机制外，还对引入减排技术的企业实行碳减排补贴政策。那么，实行碳减排补贴是否会对原有的碳交易机制产生影响？两种碳排放政策如何影响企业的定价决策和系统总收益？

（1）为了研究碳排放政策和闭环供应链最优策略的相互关系，设定其他参数不变，分析 p、p_r、D、r 在碳交易价格 $p_e \in (1, 10)$ 和碳减排补贴 $s \in (1, 4)$ 区域下的变化情况，如图 5-9 至图 5-12 所示。

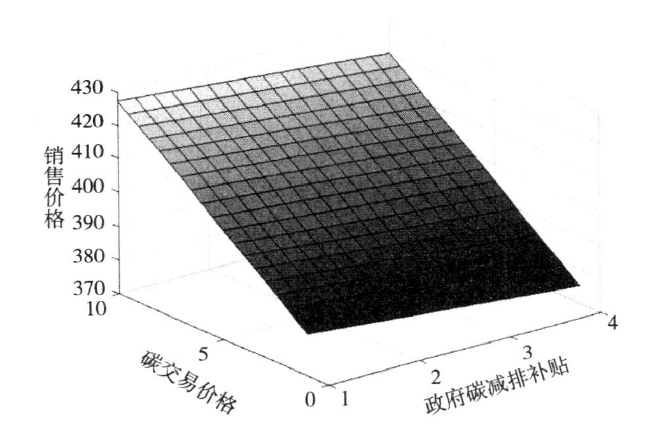

图 5-9　碳排放政策对销售价格的影响

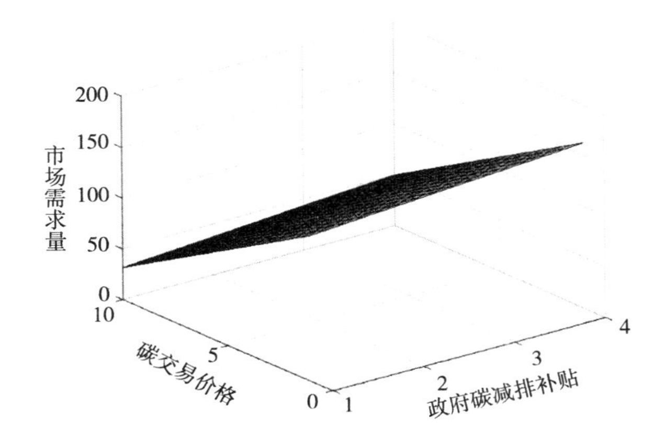

图 5-10　碳排放政策对市场需求的影响

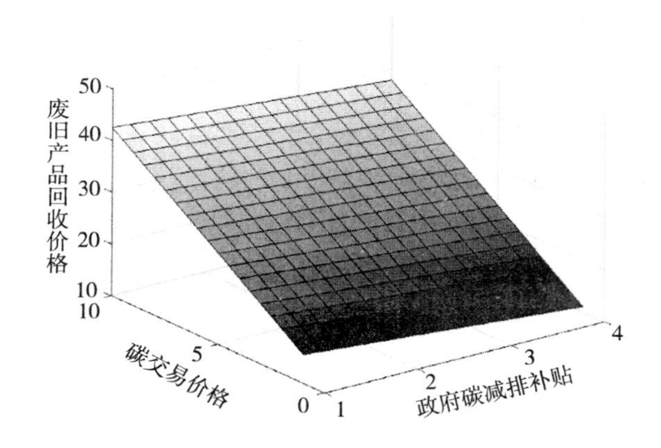

图 5-11　碳排放政策对回收价格的影响

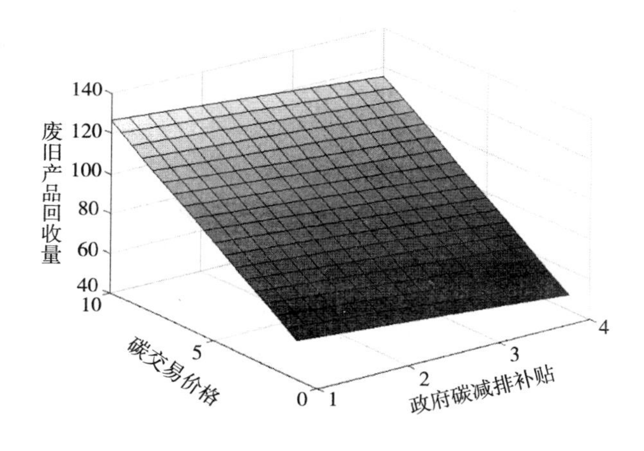

图 5-12　碳排放政策对回收数量的影响

由图 5-9 至图 5-12 可知，在政府同时实行碳交易机制和碳减排补贴政策下，产品销售价格、废旧产品回收价格和回收数量均随碳交易价格的增加而增加，随碳减排补贴力度的增加而降低，产品市场需求量随碳交易价格的增加而降低，随碳减排补贴力度的增加而增加。

这是因为碳交易价格增加，代表企业碳排放的成本增加，为使单位产品生产利润保持稳定，产品的销售价格随之上升，此时加重了消费者的购买负担，市场需求量下降。碳交易价格的上涨促使企业将生产重点转移到低碳排放量的再制品上，增加废旧产品的回收投入，进而回收价格和回收数量成上升趋势。同时，闭环供应链的最优定价决策随政府碳减排补贴的变化趋势与图 5-3 至图 5-6 保持一致。

由此我们可以得出，当碳交易机制和碳减排补贴这两种碳排放政策同时存在时，企业的最优定价决策受碳交易价格和补贴力度的影响情况与单个碳排放政策背景下的变化趋势一致，这意味着政府实行碳减排补贴政策不会对碳交易机制的调控作用产生负面影响，两种碳排放政策可以同时实行。

（2）设定其他参数不变，分析分散决策模式下的系统总利润 Π_{c2}^{*} 在碳交易价格 $p_e \in (1,\ 10)$ 和碳减排补贴 $s \in (1,\ 4)$ 区域内的变化情况，如图 5-13 所示。

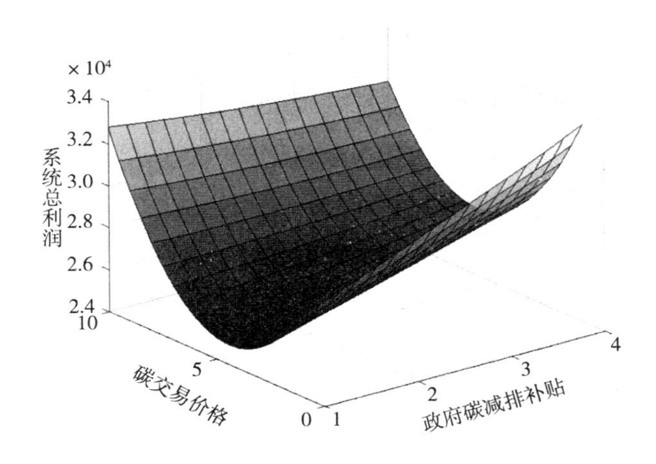

图 5-13　碳交易价格和碳减排补贴对系统总利润的影响

由图 5-13 可知，当碳交易机制和碳减排补贴两种碳排放政策同时存在时，闭环供应链系统总利润随碳交易价格的上涨呈先减后增趋势，当碳交易价格处于较低水平时，系统总利润随政府碳减排补贴的增加而增加，当碳交易价格大于一定的阈值时，系统总利润随减排补贴的增加而下降。

这是因为当碳交易价格处于较低水平时，企业更倾向于从碳交易市场购买额外的碳排放权，碳交易价格的小幅上涨刺激企业积极发展减排技术，单位产品边际成本增加，系统利润值降低，此时政府实行碳减排补贴政策恰好起到“雪中送炭”的作用，缓解碳交易价格上涨导致的成本负担，因而系统总利润与碳减排补贴呈正相关关系。

当碳交易价格上升到一定阈值时，单位产品的销售收益低于单位产品碳排放量所带来的碳销售收益，因此，企业会选择降低产量来实现利润的增长，系统总利润随碳交易价格的增加而增加。此时，政府实行碳减排补贴非但不能帮助企业通过降低碳排放的方式获取额外收益，还会在某种程度上阻碍企业对废旧产品的回收再制造，因而系统总利润与碳减排补贴呈负相关关系。虽然在碳交易价格最高，政府减排补贴为零的情形下，闭环供应链的系统总利润达到峰值，但是这样的收益是通过降低产品生产和在碳交易市场出售多余配额而获取的，从市场经济角度考虑，企业这样的生产模式是暂时的也是不利于长期可持续发展的。

因此，从政府的角度分析，当碳交易价格控制在较低水平时，适当提升碳交易价格和碳减排补贴可以有效促进企业发展低碳减排技术，从而实现保护环境的目标。从企业的角度分析，虽然在碳交易价格较高的环境下，选择减少产品生产、出售多余碳配额来获取收益是当下从利润最大化角度出发，可做出的最优生产策略，但是这种收益方式是以牺牲产品市场占有规模为前提的，所以，要想企业长久发展，且在消费者心中占有一席之地，无论碳交易价格的波动情况和政府是否实行碳减排补贴，企业都应积极引入减排技术，密切关注碳排放政策的变化动态，及时采取相应战略，努力实现环境和经济双效益。

（四）具有碳减排补贴的闭环供应链的最优运行条件

在满足协调条件的闭环供应链中，产品的批发价格和销售价格降低，废旧产品回收价格升高，进而影响产品的市场需求量和回收数量上升，系统总利润提升到集中决策模式下的最高利润水平，避免了利润的损耗问题，这些都是由制造商降低批发价格，提升回收价格而带动了定价策略和企业收益发生改变，这样的协调条件对闭环供应链系统的长远发展具有积极影响。

制造商为了系统整体利润最大化制定了较低的批发价格和较高的回收价格，为了补偿制造商的这一“牺牲”，我们基于协调条件 1 和条件 2，设计补偿契约使系统内部的成员实现协调：制造商承诺以单位价格 $\widetilde{w}_2$ 向零售商批发产品，并以价格 $\widetilde{p_{m2}}$ 从零售商处回收废旧产品，同时，零售商向制造商转移 $\lambda(0<\lambda<1)$ 倍的产品销售收益作为“特许经营费”，此时，$\widetilde{w}_2=(e_n-\Delta e)p_e-s\Delta e+c_n$，$\widetilde{p_{m2}}=((e_n-\Delta e)p_e-s\Delta e)u+c_n-c_r$。

制造商和零售商的利润函数分别如下：

$$\widetilde{\prod}_{m2}=(\lambda p+w-c_n)D+(c_n-c_r-p_m)r-p_e(E_s-E_g)-I+s\Delta e(D-r)+s(1-u)\Delta er \tag{5-27}$$

$$\widetilde{\prod}_{r1}=((1-\lambda)p-w)D+(p_m-p_r)r \tag{5-28}$$

要使闭环供应链中的各节点企业都有动力执行协调条件，需要保证满足协调条件下各主体利润大于协调前的利润，即约束条件如下：

$$\widetilde{\prod}_{m2}>\prod_{m2} \tag{5-29}$$

$$\widetilde{\prod}_{r2}>\prod_{r2} \tag{5-30}$$

求解式（5-29）得出 $\lambda>\widetilde{\lambda}_1$，求解式(5-30)得出 $\lambda<\widetilde{\lambda}_2$。其中，

$$\widetilde{\lambda}_1=\frac{(-((-p_e-s)\Delta e+e_np_e+c_n)^2tb^2+(-(u(p_e+s)\Delta e-e_np_eu+c_r-c_n)^2t^2+(-2k(p_e+s)e^2+((2Qu+2ke_n-2a)p_e+2kc_n+s(Qu-a))\Delta e-2e_n(Qu-a)p_e+2(a-Q)c_n+2Qc_r)t-Q^2)b-t(k\Delta e+a)^2)}{(2(((-p_e-s)\Delta e+e_np_e+c_n)b-k\Delta e-a)t(((-p_e-s)\Delta e+e_np_e+c_n)b+k\Delta e+a))}$$

$$\widetilde{\lambda}_2=\frac{(-3((-p_e-s)\Delta e+e_np_e+c_n)^2tb^2+(-3(u(p_e+s)\Delta e-e_np_eu+c_r-c_n)^2t^2+(-6k(p_e+s)e^2+((6Qu+6ke_n-6a)p_e+6Qsu-6ad+6kc_n)\Delta e-6e_n(Qu-a)p_e+6(a-Q)c_n+6Qc_r)t-3Q^2)b-3t(k\Delta e+a)^2)}{(4(((-p_e-s)\Delta e+e_np_e+c_n)b-k\Delta e-a)t(((-p_e-s)\Delta e+e_np_e+c_n)b+k\Delta e+a))}$$

这意味着在满足协调条件的基础上，若零售商向制造商转移比例在（$\widetilde{\lambda}_1$，$\widetilde{\lambda}_2$）区域内的销售收益，此时分散决策模式解达到集中决策最优解

水平，且制造商利润、零售商利润和系统总利润均比协调前的利润水平高，实现系统利润零内耗。

五、本章小结

本章对于关注碳减排补贴的零售商回收闭环供应链，研究了实现系统最优的协调条件，得出以下主要结论。在考虑碳减排补贴的闭环供应链中，分散决策模式下的系统总利润低于集中决策水平，且补贴越多，两种决策模式下的利润差越大。要想使分散决策达到集中决策水平，系统须满足一定的必要条件。其中，产品批发价格不仅取决于减排后的单位碳排放量、碳交易价格和新产品生产成本，还与政府碳减排补贴呈负相关关系，即政府补贴越多，产品批发价格越低，对消费者更有利。同样地，制造商的回收价格不仅受减排后新产品与再制品的单位碳排放差和生产成本差的影响，也与碳减排补贴呈负相关关系，这说明政府实行碳减排补贴在一定程度上削弱了企业的回收再制造力度。当企业的碳减排投资成本系数小于某一阈值时，实行碳交易机制或提升碳交易价格可以有效激励企业加大减排投资力度，同时，政府实行碳减排补贴扩大阈值范围，对碳交易机制的顺利实施起到促进作用。随着政府碳减排补贴力度增大，无论是分散决策还是集中决策，产品最优定价、回收价格和回收数量降低，市场需求量和各企业收益增加。当政府在碳交易机制背景下引入碳减排补贴时，两种碳排放政策的调控作用与单一政策背景下一致，不会产生冲突，可以同时并行。

第六章

关注减排技术专利授权的竞争型制造商减排协作模式分析

一、问题描述

考虑由两个竞争型制造商以及一个零售商组成的二级供应链，制造商$_1$可以独立生产低碳产品$_1$，而制造商$_2$缺乏独立生产低碳产品能力只能生产非低碳竞争产品$_2$，因此制造商$_2$若需进行低碳产品生产需要向制造商$_1$提出专利申请，基于专利保护，此时制造商$_1$有权向制造商$_2$收取专利授权费用。本章考虑两种专利授权策略：一是制造商$_1$向制造商$_2$一次性收取固定专利授权费用 F；二是制作商$_1$按单位低碳产品向制造商$_2$收取单位专利授权费用f。政府通过碳交易市场来引导制造商提高产品减排率，供应链结构如图 6-1 所示。

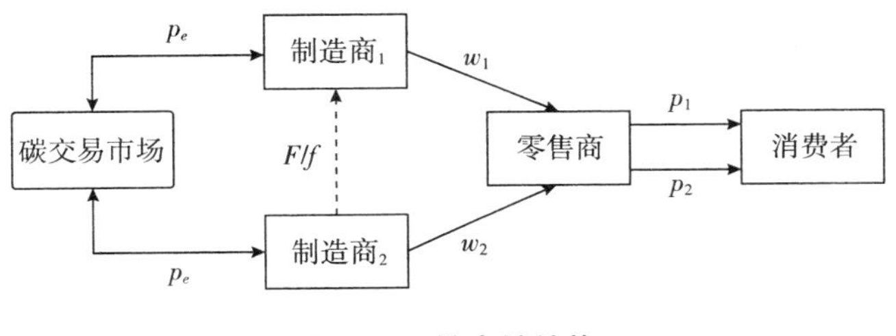

图 6-1　供应链结构

二、模型假设与符号说明

（一）模型假设

假设 6-1：两个制造商和零售商之间进行 Stackelberg 主从博弈，两个制造商为领导者，零售商为跟随者，两个制造商之间为静态博弈。

假设 6-2：由于两个制造商的单位生产成本大小基本不会对本书研究结论产生影响，因此本书假设两个制造商的单位生产成本为 0。

假设 6-3：为方便计算，假设产品$_1$ 和产品$_2$ 的初始单位碳排放量均为 1。

假设 6-4：假设两个制造商的碳减排投资系数与碳排放限额相同，即使不相同也不会对研究结论产生实质性改变，只会增大数学计算的复杂性。

假设 6-5：为使结论具备实际意义，假设 α 远大于 p_e、k、f、G。

（二）符号说明

G：在碳交易政策下，制造商所获得的初始免费碳排放额度。

w_1、w_2：两个制造商给零售商制定的单位产品批发价格，为制造商的决策变量。

p_1、p_2：产品$_1$ 和产品$_2$ 的单位零售价格，为零售商的决策变量。

e_1、e_2：制造商$_1$ 和制造商$_2$ 的碳减排率，为制造商的决策变量，为符合实际情况，设定 $0<e<1$。

p_e：碳交易价格。

I_1、I_2：两个制造商的碳减排投资成本，具体表现为：

$$I=\frac{ke^2}{2}$$

其中，k 是制造商进行碳减排的成本系数，$k>0$。

q_1、q_2：产品$_1$ 和产品$_2$ 的需求量，假设产品需求量受产品零售价以及两个制造商之间的竞争程度影响，具体表现如下：

$$q_1=\beta\alpha-p_1+\theta p_2 \tag{6-1}$$

$$q_2=(1-\beta)\alpha-p_2+\theta p_1 \tag{6-2}$$

其中，α 表示市场潜在规模；β 表示制造商$_1$ 的潜在市场份额；θ 表示制造商$_1$ 与制造商$_2$ 之间的竞争程度，当竞争程度增大时，产品$_1$ 与产品$_2$ 之间的替代性也就随之增大。为符合实际意义，设 $0\leqslant\theta<1$。

三、无减排技术专利授权情形的模型构建与求解

（一）各参与主体的利润函数

1. 制造商$_1$ 的利润函数

在此情形下，不存在专利授权策略对制造商$_1$ 利润产生影响，制造商$_1$ 投资碳减排技术用于产品生产，此时制造商$_1$ 利润＝生产运营收益+碳交易收益-碳减排投资成本，制造商$_1$ 生产运营收益＝产品$_1$ 批发价格×产品$_1$ 销量，制造商$_1$ 碳交易收益＝碳交易价格×（实际碳排放量-碳排放额度），由于制造商$_1$ 存在碳减排，因此产品$_1$ 具备减排率影响实际碳排放量，从而对其碳交易收益产生影响，此时制造商$_1$ 的利润函数如下：

$$\pi_{m1}^N=w_1^N q_1^N-\frac{k e_1^{N^2}}{2}-p_e((1-e_1^N)q_1^N-G)$$

2. 制造商$_2$ 的利润函数

在此情形下，不存在专利授权策略对制造商$_2$ 利润产生影响，制造商$_2$ 不具备碳减排专利，因此制造商$_2$ 无法投资碳减排技术用于产品生产，此时制

造商$_2$利润=生产运营收益+碳交易收益，制造商$_2$生产运营收益=产品$_2$批发价格×产品$_2$销量，制造商$_2$碳交易收益=碳交易价格×（实际碳排放量-碳排放额度），由于制造商$_2$不存在碳减排，因此产品$_2$无法通过减排率影响实际碳排放量，从而对其碳交易收益产生影响，此时制造商$_2$的利润函数如下：

$$\pi_{m2}^N = w_2^N q_2^N - p_e(q_2^N - G)$$

3. 零售商的利润函数

零售商作为供应链终端向消费者提供产品，在此供应链中，零售商的利润包括产品$_1$的利润和产品$_2$的利润，即零售商利润=产品$_1$单位利润×产品$_1$销量+产品$_2$单位利润×产品$_2$销量，此时零售商的利润函数如下：

$$\pi_r^N = (p_1^N - w_1^N) q_1^N + (p_2^N - w_2^N) q_2^N$$

（二）无减排技术专利授权情形的均衡决策

1. 产品批发价

由假设6-1，可利用逆向归纳法进行求解。根据零售商目标函数分别对p_1、p_2求导，得：

$$\frac{\partial \pi_r^N}{\partial p_1^N} = w_1^N - 2p_1^N + \alpha\beta + (2p_2^N - w_2^N)\theta \tag{6-3}$$

$$\frac{\partial \pi_r^N}{\partial p_2^N} = w_2^N - 2p_2^N + \alpha(\beta - 1) + (2p_1^N - w_1^N)\theta \tag{6-4}$$

其对应的海塞矩阵如下：

$$H = \begin{pmatrix} -2 & 2\theta \\ 2\theta & -2 \end{pmatrix}$$

由假设条件$0 \leq \theta < 1$可以推得一阶主子式$-2<0$，二阶主子式$4-4\theta^2>0$，故零售商的利润是关于p_1、p_2的凹函数，因此存在最优解，此时令式（6-3）、式（6-4）为0，并进行联立求解，可以得出产品$_1$、产品$_2$的均衡零售价的反应函数：

$$p_1^N = \frac{(1-\theta^2) w_1^N + \alpha\beta + \alpha\theta - \alpha\beta\theta}{2(1-\theta^2)} \tag{6-5}$$

$$p_2^N=\frac{(1-\theta^2)w_2^N+\alpha-\alpha\beta+\alpha\beta\theta}{2(1-\theta^2)} \tag{6-6}$$

2. 制造商减排率

在两个制造商的利润反应函数中代入式（6-1）、式（6-2）、式（6-5）、式（6-6），通过制造商$_1$的利润函数对 e_1、w_1 求导，通过制造商$_2$的利润函数对 w_2 求导（此种情形下制造商$_2$不具备减排能力，制造商$_2$减排率为0），此时令一阶导数为0，并进行联立求解可以得出产品$_1$、产品$_2$的减排率和批发价分别如下：

$$e_1^{N^*}=\frac{\alpha p_e(\theta(1-\beta)+2\beta)+p_e^2(\theta^2+\theta-2)}{2(4k-p_e^2)-\theta^2(2k-p_e^2)} \tag{6-7}$$

$$w_1^{N^*}=\frac{p_e(4k+\theta(2k-p_e^2))+\alpha(2\beta(2k-p_e^2)+\theta(1-\beta)(2k-p_e^2))}{2(4k-p_e^2)-\theta^2(2k-p_e^2)} \tag{6-8}$$

$$w_2^{N^*}=\frac{p_e(2k\theta+(4k-p_e^2))+\alpha(\beta\theta(2k-p_e^2)+(1-\beta)(4k-p_e^2))}{2(4k-p_e^2)-\theta^2(2k-p_e^2)} \tag{6-9}$$

为使计算结果有实际意义，必须满足条件 $k>p_e^2$，后文均假设该条件成立。

3. 产品零售价

在均衡零售价的反应函数中代入式（6-7）～式（6-9），可以得出产品$_1$、产品$_2$的均衡零售价分别如下：

$$p_1^{N^*}=\frac{p_e(4k+\theta(2k-p_e^2))+\alpha(2\beta(2k-p_e^2)+\theta(1-\beta)(2k-p_e^2))}{4(4k-p_e^2)-2\theta^2(2k-p_e^2)}+\frac{\alpha\beta+\alpha\theta-\alpha\beta\theta}{2(1-\theta^2)}$$

$$p_2^{N^*}=\frac{p_e(2k\theta+(4k-p_e^2))+\alpha(\beta\theta(2k-p_e^2)+(1-\beta)(4k-p_e^2))}{4(4k-p_e^2)-2\theta^2(2k-p_e^2)}+\frac{\alpha+\alpha\beta\theta-\alpha\beta}{2(1-\theta^2)}$$

4. 产品需求量

将最优零售价代入式（6-1）、式（6-2）可以得到均衡需求量：

$$q_1^{N^*}=\frac{\alpha\beta}{2}+\frac{2kp_e(\theta^2+\theta-2)+\alpha(\beta(\theta^2-2)(2k-p_e^2)+2k\theta(1-\beta))}{4(4k-p_e^2)-2\theta^2(2k-p_e^2)}$$

$$q_2^{N^*}=\frac{p_e(2k(\theta-1)+(\theta^2-1)(2k-p_e^2))+\alpha(\beta\theta(2k-p_e^2)+(\theta^2-1)(1-\beta)(2k-p_e^2)-2k(1-\beta))}{4(4k-p_e^2)-2\theta^2(2k-p_e^2)}+$$

$$\frac{\alpha(1-\beta)}{2}$$

5. 各参与主体的利润

将以上所求均衡解代入两个制造商及零售商的利润函数中，可以得到均衡利润：

$$\pi_{m1}^{N^*}=w_1^{N^*}q_1^{N^*}-\frac{ke_1^{N^*2}}{2}-p_e((1-e_1^{N^*})q_1^{N^*}-G)$$

$$\pi_{m2}^{N^*}=w_2^{N^*}q_2^{N^*}-p_e(q_2^{N^*}-G)$$

$$\pi_r^{N^*}=(p_1^{N^*}-w_1^{N^*})q_1^{N^*}+(p_2^{N^*}-w_2^{N^*})q_2^{N^*}$$

由以上计算结果汇总可得无专利授权模式下的最优决策，如表 6-1 所示。

表 6-1 无专利授权模式下的最优决策

变量	值
产品$_1$零售价	$p_1^{N^*}=\frac{p_e(4k+\theta(2k-p_e^2))+\alpha(2\beta(2k-p_e^2)+\theta(1-\beta)(2k-p_e^2))}{4(4k-p_e^2)-2\theta^2(2k-p_e^2)}+\frac{\alpha\beta+\alpha\theta-\alpha\beta\theta}{2(1-\theta^2)}$
产品$_2$零售价	$p_2^{N^*}=\frac{p_e(2k\theta+(4k-p_e^2))+\alpha(\beta\theta(2k-p_e^2)+(1-\beta)(4k-p_e^2))}{4(4k-p_e^2)-2\theta^2(2k-p_e^2)}+\frac{\alpha+\alpha\beta\theta-\alpha\beta}{2(1-\theta^2)}$
产品$_1$批发价	$w_1^{N^*}=\frac{p_e(4k+\theta(2k-p_e^2))+\alpha(2\beta(2k-p_e^2)+\theta(1-\beta)(2k-p_e^2))}{2(4k-p_e^2)-\theta^2(2k-p_e^2)}$
产品$_2$批发价	$w_2^{N^*}=\frac{p_e(2k\theta+(4k-p_e^2))+\alpha(\beta\theta(2k-p_e^2)+(1-\beta)(4k-p_e^2))}{2(4k-p_e^2)-\theta^2(2k-p_e^2)}$
产品$_1$减排率	$e_1^{N^*}=\frac{\alpha p_e(\theta(1-\beta)+2\beta)+p_e^2(\theta^2+\theta-2)}{2(4k-p_e^2)-\theta^2(2k-p_e^2)}$
产品$_2$减排率	0
产品$_1$需求量	$q_1^{N^*}=\frac{\alpha\beta}{2}+\frac{2kp_e(\theta^2+\theta-2)+\alpha(\beta(\theta^2-2)(2k-p_e^2)+2k\theta(1-\beta))}{4(4k-p_e^2)-2\theta^2(2k-p_e^2)}$
产品$_2$需求量	$q_2^{N^*}=\frac{p_e(2k(\theta-1)+(\theta^2-1)(2k-p_e^2))+\alpha(\beta\theta(2k-p_e^2)+(\theta^2-1)(1-\beta)(2k-p_e^2)-2k(1-\beta))}{4(4k-p_e^2)-2\theta^2(2k-p_e^2)}+\frac{\alpha(1-\beta)}{2}$

续表

变量	值
制造商$_1$利润	$\pi_{m1}^{N*}=w_1^{N*}q_1^{N*}-\frac{ke_1^{N*2}}{2}-p_e((1-e_1^{N*})q_1^{N*}-G)$
制造商$_2$利润	$\pi_{m2}^{N*}=w_2^{N*}q_2^{N*}-p_e(q_2^{N*}-G)$
零售商利润	$\pi_r^{N*}=(p_1^{N*}-w_1^{N*})q_1^{N*}+(p_2^{N*}-w_2^{N*})q_2^{N*}$

根据无专利授权策略下的均衡解，可得命题 6-1。

命题 6-1：无专利授权策略下两个制造商的减排率、批发价、需求量与竞争程度呈正相关关系。

证明：

$$\frac{\partial e_1^{N*}}{\partial\theta}=\frac{p_e(\alpha(1-\beta)+2p_e\theta+p_e)}{2(4k-p_e^2)-\theta^2(2k-p_e^2)}+\frac{p_e\theta(4k-p_e^2)(2(\alpha\beta-p_e)+\alpha\theta(1-\beta)+p_e\theta+p_e\theta^2)}{(2(4k-p_e^2)-\theta^2(2k-p_e^2))^2}>0$$

$$\frac{\partial w_1^{N*}}{\partial\theta}=\frac{(\alpha(1-\beta)+p_e)((2+\theta^2)(2k-p_e^2)^2+4k(2k-p_e^2))+(8kp_e(2k-p_e^2)+4\alpha\beta(2k-p_e^2)^2)\theta}{(2k-p_e^2)^2\theta^4+16k(2-\theta^2)(2k-p_e^2)+8kp_e^2\theta^2+4p_e^4(1-\theta^2)}>0$$

$$\frac{\partial w_2^{N*}}{\partial\theta}=\frac{(\alpha\beta(2k-p_e^2)^2+2kp_e(2k-p_e^2))\theta^2+(\alpha(1-\beta)+p_e)(2(2k-p_e^2)^2+4k(2k-p_e^2))\theta}{(2k-p_e^2)^2\theta^4+16k(2-\theta^2)(2k-p_e^2)+8kp_e^2\theta^2+4p_e^4(1-\theta^2)}+$$
$$\frac{\alpha\beta(2(2k-p_e^2)^2+4k(2k-p_e^2))+4kp_e(4k-p_e^2)}{(2k-p_e^2)^2\theta^4+16k(2-\theta^2)(2k-p_e^2)+8kp_e^2\theta^2+4p_e^4(1-\theta^2)}>0$$

$$\frac{\partial q_1^{N*}}{\partial\theta}=\frac{(\alpha k(1-\beta)+kp_e)(2k-p_e^2)\theta^2+(8k^2p_e+4\alpha\beta k(2k-p_e^2))\theta+(2\alpha k(1-\beta)+2kp_e)(4k-p_e^2)}{(2k-p_e^2)^2\theta^4+16k(2-\theta^2)(2k-p_e^2)+8kp_e^2\theta^2+4p_e^4(1-\theta^2)}>0$$

$$\frac{\partial q_2^{N*}}{\partial\theta}=\frac{(\alpha\beta(2k-p_e^2)^2+2kp_e(2k-p_e^2))\theta^2+(\alpha(1-\beta)+p_e)(2(2k-p_e^2)^2+4k(2k-p_e^2))\theta}{2(2k-p_e^2)^2\theta^4+32k(2-\theta^2)(2k-p_e^2)+16kp_e^2\theta^2+8p_e^4(1-\theta^2)}+$$
$$\frac{\alpha\beta(2(2k-p_e^2)^2+4k(2k-p_e^2))+4kp_e(4k-p_e^2)}{2(2k-p_e^2)^2\theta^4+32k(2-\theta^2)(2k-p_e^2)+16kp_e^2\theta^2+8p_e^4(1-\theta^2)}>0$$

在无专利授权策略下，通过两个制造商的减排率、批发价、需求量与竞争程度进行求导，可以发现求导结果均大于零，说明无专利授权策略下两个制造商的减排率、批发价、需求量与竞争程度呈正相关关系，两个制造商的减排率、批发价、需求量会随着竞争程度的增大而增加。证毕。

四、一次性付费的减排技术专利授权情形的模型构建与求解

（一）各参与主体的利润函数

1. 制造商$_1$的利润函数

在此情形下，存在专利授权策略对制造商$_1$利润产生影响，制造商$_1$投资碳减排技术用于产品生产，此时制造商$_1$利润=专利授权收益+生产运营收益+碳交易收益-碳减排投资成本，制造商$_1$专利授权收益为固定费用F，制造商$_1$生产运营收益=产品$_1$批发价格×产品$_1$销量，制造商$_1$碳交易收益=碳交易价格×（实际碳排放量-碳排放额度），由于制造商$_1$存在碳减排，因此产品$_1$具备减排率影响实际碳排放量，从而对其碳交易收益产生影响，制造商$_1$的利润函数如下：

$$\pi_{m1}^{F}=w_1^F q_1^F-\frac{k{e_1^F}^2}{2}-p_e((1-e_1^F)q_1^F-G)+F$$

2. 制造商$_2$的利润函数

在此情形下，存在专利授权策略对制造商$_2$利润产生影响，制造商$_2$获取了碳减排技术专利，因此制造商$_2$可以进行碳减排技术投资用于产品生产，此时制造商$_2$利润=生产运营收益+碳交易收益-碳减排投资成本-专利授权成本，制造商$_2$专利授权成本为固定费用F，制造商$_2$生产运营收益=产品$_2$批发价格×产品$_2$销量，制造商$_2$碳交易收益=碳交易价格×（实际碳排放量-碳排放额度），由于制造商$_2$存在碳减排，因此产品$_2$可以通过减排率影响实际碳排放量，从而对其碳交易收益产生影响，制造商$_2$的利润函数如下：

$$\pi_{m2}^{F}=w_2^F q_2^F-\frac{ke_2^{F^2}}{2}-p_e((1-e_2^F)q_2^F-G)-F$$

3. 零售商的利润函数

零售商作为供应链终端向消费者提供产品，在此供应链中，零售商的利润包括产品$_1$的利润和产品$_2$的利润，即零售商利润=产品$_1$单位利润×产品$_1$销量+产品$_2$单位利润×产品$_2$销量，此时零售商的利润函数如下：

$$\pi_r^F=(p_1^F-w_1^F)q_1^F+(p_2^F-w_2^F)q_2^F$$

（二）一次性付费的减排技术专利授权情形的均衡决策

1. 制造商的减排率和产品批发价

当制造商$_1$向制造商$_2$收取固定专利授权费用时，零售商目标与无专利授权时一致，因此产品$_1$与产品$_2$均衡零售价的表达式依旧为式（6-5）和式（6-6）。在两个制造商的利润反应函数中分别代入式（6-5）和式（6-6），并进行联立求解可以得出两个制造商的减排率和批发价如下：

$$e_1^{F^*}=\frac{\alpha p_e(\theta(1-\beta)(2k-p_e^2)+\beta(4k-p_e^2))+p_e^2((1-\theta^2)p_e^2+2k(\theta^2+\theta-2))}{(4k-p_e^2)^2-\theta^2(2k-p_e^2)^2} \tag{6-10}$$

$$w_1^{F^*}=\frac{\alpha(\theta(1-\beta)(2k-p_e^2)^2+\beta(4k-p_e^2)(2k-p_e^2))+2kp_e((4k-p_e^2)+\theta(2k-p_e^2))}{(4k-p_e^2)^2-\theta^2(2k-p_e^2)^2} \tag{6-11}$$

$$e_2^{F^*}=\frac{\alpha p_e(\beta\theta(2k-p_e^2)+(1-\beta)(4k-p_e^2))+p_e^2((1-\theta^2)p_e^2+2k(\theta^2+\theta-2))}{(4k-p_e^2)^2-\theta^2(2k-p_e^2)^2} \tag{6-12}$$

$$w_2^{F^*}=\frac{\alpha(\beta\theta(2k-p_e^2)^2+(1-\beta)(4k-p_e^2)(2k-p_e^2))+2kp_e((4k-p_e^2)+\theta(2k-p_e^2))}{(4k-p_e^2)^2-\theta^2(2k-p_e^2)^2} \tag{6-13}$$

2. 产品零售价

在两种产品均衡零售价的反应函数中分别代入式（6-10）~式

（6-13），可以得出产品$_1$、产品$_2$的均衡零售价分别如下：

$$p_1^{F^*}=\frac{\alpha(\theta(1-\beta)(2k-p_e^2)^2+\beta(4k-p_e^2)(2k-p_e^2))+2kp_e((4k-p_e^2)+\theta(2k-p_e^2))}{2(4k-p_e^2)^2-2\theta^2(2k-p_e^2)^2}+\frac{\alpha\beta+\alpha\theta-\alpha\beta\theta}{2(1-\theta^2)}$$

$$p_2^{F^*}=\frac{\alpha(\beta\theta(2k-p_e^2)^2+(1-\beta)(4k-p_e^2)(2k-p_e^2))+2kp_e((4k-p_e^2)+\theta(2k-p_e^2))}{2(4k-p_e^2)^2-2\theta^2(2k-p_e^2)^2}+\frac{\alpha+\alpha\beta\theta-\alpha\beta}{2(1-\theta^2)}$$

3. 产品需求量

将均衡零售价代入式（6-1）、式（6-2）可以得到均衡需求量：

$$q_1^{F^*}=\frac{\alpha(\theta(\beta\theta+\beta-1)(2k-p_e^2)^2+(\theta-\beta-\beta\theta)(4k-p_e^2)(2k-p_e^2))}{2(4k-p_e^2)^2-2\theta^2(2k-p_e^2)^2}+\frac{2kp_e(\theta-1)((4k-p_e^2)+\theta(2k-p_e^2))}{2(4k-p_e^2)^2-2\theta^2(2k-p_e^2)^2}+\frac{\alpha\beta}{2}$$

$$q_2^{F^*}=\frac{\alpha(\theta(\theta-\beta-\beta\theta)(2k-p_e^2)^2+(\beta\theta-\beta+1)(4k-p_e^2)(2k-p_e^2))}{2(4k-p_e^2)^2-2\theta^2(2k-p_e^2)^2}+\frac{2kp_e(\theta-1)((4k-p_e^2)+\theta(2k-p_e^2))}{2(4k-p_e^2)^2-2\theta^2(2k-p_e^2)^2}+\frac{\alpha(1-\beta)}{2}$$

4. 各参与主体的利润

将以上所求均衡解代入两个制造商及零售商的利润函数中，可以得到均衡利润：

$$\pi_{m1}^{F^*}=w_1^{F^*}q_1^{F^*}-\frac{ke_1^{F^*2}}{2}-p_e((1-e_1^{F^*})q_1^{F^*}-G)+F$$

$$\pi_{m2}^{F^*}=w_2^{F^*}q_2^{F^*}-\frac{ke_2^{F^*2}}{2}-p_e((1-e_2^{F^*})q_2^{F^*}-G)-F$$

$$\pi_r^{F^*}=(p_1^{F^*}-w_1^{F^*})q_1^{F^*}+(p_2^{F^*}-w_2^{F^*})q_2^{F^*}$$

由以上计算结果汇总可得固定专利费用授权模式下的最优决策，如表6-2所示。

表 6-2　固定专利费用授权模式下的最优决策

变量	值
产品$_1$零售价	$p_1^{F*}=\frac{\alpha(\theta(1-\beta)(2k-p_e^2)^2+\beta(4k-p_e^2)(2k-p_e^2))+2kp_e((4k-p_e^2)+\theta(2k-p_e^2))}{2(4k-p_e^2)^2-2\theta^2(2k-p_e^2)^2}+\frac{\alpha\beta+\alpha\theta-\alpha\beta\theta}{2(1-\theta^2)}$
产品$_2$零售价	$p_2^{F*}=\frac{\alpha(\beta\theta(2k-p_e^2)^2+(1-\beta)(4k-p_e^2)(2k-p_e^2))+2kp_e((4k-p_e^2)+\theta(2k-p_e^2))}{2(4k-p_e^2)^2-2\theta^2(2k-p_e^2)^2}+\frac{\alpha+\alpha\beta\theta-\alpha\beta}{2(1-\theta^2)}$
产品$_1$批发价	$w_1^{F*}=\frac{\alpha(\theta(1-\beta)(2k-p_e^2)^2+\beta(4k-p_e^2)(2k-p_e^2))+2kp_e((4k-p_e^2)+\theta(2k-p_e^2))}{(4k-p_e^2)^2-\theta^2(2k-p_e^2)^2}$
产品$_2$批发价	$w_2^{F*}=\frac{\alpha(\beta\theta(2k-p_e^2)^2+(1-\beta)(4k-p_e^2)(2k-p_e^2))+2kp_e((4k-p_e^2)+\theta(2k-p_e^2))}{(4k-p_e^2)^2-\theta^2(2k-p_e^2)^2}$
产品$_1$减排率	$e_1^{F*}=\frac{\alpha p_e(\theta(1-\beta)(2k-p_e^2)+\beta(4k-p_e^2))+p_e^2((1-\theta^2)p_e^2+2k(\theta^2+\theta-2))}{(4k-p_e^2)^2-\theta^2(2k-p_e^2)^2}$
产品$_2$减排率	$e_2^{F*}=\frac{\alpha p_e(\beta\theta(2k-p_e^2)+(1-\beta)(4k-p_e^2))+p_e^2((1-\theta^2)p_e^2+2k(\theta^2+\theta-2))}{(4k-p_e^2)^2-\theta^2(2k-p_e^2)^2}$
产品$_1$需求量	$q_1^{F*}=\frac{\alpha(\theta(\beta\theta+\beta-1)(2k-p_e^2)^2+(\theta-\beta-\beta\theta)(4k-p_e^2)(2k-p_e^2))}{2(4k-p_e^2)^2-2\theta^2(2k-p_e^2)^2}+\frac{2kp_e(\theta-1)((4k-p_e^2)+\theta(2k-p_e^2))}{2(4k-p_e^2)^2-2\theta^2(2k-p_e^2)^2}+\frac{\alpha\beta}{2}$
产品$_2$需求量	$q_2^{F*}=\frac{\alpha(\theta(\theta-\beta-\beta\theta)(2k-p_e^2)^2+(\beta\theta-\beta+1)(4k-p_e^2)(2k-p_e^2))}{2(4k-p_e^2)^2-2\theta^2(2k-p_e^2)^2}+\frac{2kp_e(\theta-1)((4k-p_e^2)+\theta(2k-p_e^2))}{2(4k-p_e^2)^2-2\theta^2(2k-p_e^2)^2}+\frac{\alpha(1-\beta)}{2}$
制造商$_1$利润	$\pi_{m1}^{F*}=w_1^{F*}q_1^{F*}-\frac{ke_1^{F*2}}{2}-p_e((1-e_1^{F*})q_1^{F*}-G)+F$
制造商$_2$利润	$\pi_{m2}^{F*}=w_2^{F*}q_2^{F*}-\frac{ke_2^{F*2}}{2}-p_e((1-e_2^{F*})q_2^{F*}-G)-F$

续表

变量	值
零售商利润	$\pi_r^{F*}=(p_1^{F*}-w_1^{F*})q_1^{F*}+(p_2^{F*}-w_2^{F*})q_2^{F*}$

根据固定专利费用授权策略下的均衡解，可得命题 6-2。

命题 6-2：固定专利费用授权策略下两个制造商的减排率、批发价、需求量与竞争程度呈正相关关系。

证明：

$$\frac{\partial e_1^{F*}}{\partial\theta}=\frac{2p_e\theta(2k-p_e^2)^2(\alpha(1-\beta)\theta(2k-p_e^2)+(\alpha\beta-p_e)(4k-p_e^2)+p_e\theta^2(2k-p_e^2)+2kp_e\theta)}{((4k-p_e^2)^2-\theta^2(2k-p_e^2)^2)^2}+$$

$$\frac{p_e(\alpha(1-\beta)(2k-p_e^2)+2p_e\theta(2k-p_e^2)+2kp_e)}{(4k-p_e^2)^2-\theta^2(2k-p_e^2)^2}>0$$

$$\frac{\partial e_2^{F*}}{\partial\theta}=\frac{2p_e\theta(2k-p_e^2)^2(\alpha\beta\theta(2k-p_e^2)+(\alpha(1-\beta)-p_e)(4k-p_e^2)+p_e\theta^2(2k-p_e^2)+2kp_e\theta)}{((4k-p_e^2)^2-\theta^2(2k-p_e^2)^2)^2}+$$

$$\frac{p_e(\alpha\beta(2k-p_e^2)+2p_e\theta(2k-p_e^2)+2kp_e)}{(4k-p_e^2)^2-\theta^2(2k-p_e^2)^2}>0$$

$$\frac{\partial w_1^{F*}}{\partial\theta}=\frac{2\theta(2k-p_e^2)^2(\alpha(1-\beta)\theta(2k-p_e^2)^2+\alpha\beta(2k-p_e^2)(4k-p_e^2))}{((4k-p_e^2)^2-\theta^2(2k-p_e^2)^2)^2}+$$

$$\frac{2\theta(2k-p_e^2)^2(2kp_e\theta(2k-p_e^2)+2kp_e(4k-p_e^2))}{((4k-p_e^2)^2-\theta^2(2k-p_e^2)^2)^2}+$$

$$\frac{(\alpha(1-\beta)(2k-p_e^2)^2+2kp_e(2k-p_e^2))}{(4k-p_e^2)^2-\theta^2(2k-p_e^2)^2}>0$$

$$\frac{\partial w_2^{F*}}{\partial\theta}=\frac{2\theta(2k-p_e^2)^2(\alpha\beta\theta(2k-p_e^2)^2+\alpha(1-\beta)(2k-p_e^2)(4k-p_e^2))}{((4k-p_e^2)^2-\theta^2(2k-p_e^2)^2)^2}+$$

$$\frac{2\theta(2k-p_e^2)^2(2kp_e\theta(2k-p_e^2)+2kp_e(4k-p_e^2))}{((4k-p_e^2)^2-\theta^2(2k-p_e^2)^2)^2}+$$

$$\frac{(\alpha\beta(2k-p_e^2)^2+2kp_e(2k-p_e^2))}{(4k-p_e^2)^2-\theta^2(2k-p_e^2)^2}>0$$

$$\frac{\partial q_1^{F*}}{\partial\theta}=\frac{(4\alpha(1-\beta)k^2(2k-p_e^2)(k-p_e^2)+\alpha(1-\beta)kp_e^4(2k-p_e^2)+8k^3p_e(k-p_e^2)+2k^2p_e^5)\theta^2}{(4k-p_e^2)^4-2\theta^2(2k-p_e^2)^2(4k-p_e^2)^2+\theta^4(2k-p_e^2)^4}+$$

$$\frac{(8\alpha\beta k^2(4k-p_e^2)(k-p_e^2)+2\alpha\beta kp_e^4(4k-p_e^2)+24k^3p_e(\frac{3}{2}k-p_e^2)+4k^2p_e^5)\theta}{(4k-p_e^2)^4-2\theta^2(2k-p_e^2)^2(4k-p_e^2)^2+\theta^4(2k-p_e^2)^4}+$$

$$\frac{\alpha(1-\beta)k(32k^2(k-p_e^2)+p_e^4(10k-p_e^2))+16k^3p_e(2k-p_e^2)+2k^2p_e^5}{(4k-p_e^2)^4-2\theta^2(2k-p_e^2)^2(4k-p_e^2)^2+\theta^4(2k-p_e^2)^4}>0$$

$$\frac{\partial q_2^{F*}}{\partial\theta}=\frac{(4\alpha\beta k^2(2k-p_e^2)(k-p_e^2)+\alpha\beta kp_e^4(2k-p_e^2)+8k^3p_e(k-p_e^2)+2k^2p_e^5)\theta^2}{(4k-p_e^2)^4-2\theta^2(2k-p_e^2)^2(4k-p_e^2)^2+\theta^4(2k-p_e^2)^4}+$$

$$\frac{(8\alpha(1-\beta)k^2(4k-p_e^2)(k-p_e^2)+2\alpha(1-\beta)kp_e^4(4k-p_e^2)+24k^3p_e(\frac{3}{2}k-p_e^2)+4k^2p_e^5)\theta}{(4k-p_e^2)^4-2\theta^2(2k-p_e^2)^2(4k-p_e^2)^2+\theta^4(2k-p_e^2)^4}+$$

$$\frac{\alpha\beta k(32k^2(k-p_e^2)+p_e^4(10k-p_e^2))+16k^3p_e(2k-p_e^2)+2k^2p_e^5}{(4k-p_e^2)^4-2\theta^2(2k-p_e^2)^2(4k-p_e^2)^2+\theta^4(2k-p_e^2)^4}>0$$

在固定专利费用授权策略下，通过两个制造商的减排率、批发价、需求量与竞争程度进行求导，可以发现求导结果均大于零，说明固定专利费用授权策略下两个制造商的减排率、批发价、需求量与竞争程度呈正相关关系，两个制造商的减排率、批发价、需求量会随着竞争程度的增大而增加。证毕。

五、单位付费的专利授权情形的模型构建与求解

（一）各参与主体的利润函数

1. 制造商$_1$的利润函数

在此情形下，存在专利授权策略对制造商$_1$利润产生影响，制造商$_1$投

资碳减排技术用于产品生产，此时制造商$_1$利润=专利授权收益+生产运营收益+碳交易收益-碳减排投资成本，制造商$_1$专利授权收益=单位专利费用×产品$_2$销量，制造商$_1$生产运营收益=产品$_1$批发价格×产品$_1$销量，制造商$_1$碳交易收益=碳交易价格×（实际碳排放量-碳排放额度），由于制造商$_1$存在碳减排，因此产品$_1$具备减排率影响实际碳排放量，从而对其碳交易收益产生影响，此时制造商$_1$的利润函数如下：

$$\pi_{m1}^f = w_1^f q_1^f - \frac{ke_1^{f^2}}{2} - p_e((1-e_1^f)q_1^f - G) + fq_2^{f^*}$$

2. 制造商$_2$的利润函数

在此情形下，存在专利授权策略对制造商$_2$利润产生影响，制造商$_2$获取了碳减排技术专利，因此制造商$_2$可以进行碳减排技术投资用于产品生产，此时制造商$_2$利润=生产运营收益+碳交易收益-碳减排投资成本-专利授权成本，制造商$_2$专利授权成本=单位专利费用×产品$_2$销量，制造商$_2$生产运营收益=产品$_2$批发价格×产品$_2$销量，制造商$_2$碳交易收益=碳交易价格×（实际碳排放量-碳排放额度），由于制造商$_2$存在碳减排，因此产品$_2$可以通过减排率影响实际碳排放量，从而对其碳交易收益产生影响，此时制造商$_2$的利润函数如下：

$$\pi_{m2}^f = w_2^f q_2^f - \frac{ke_2^{f^2}}{2} - p_e((1-e_2^f)q_2^f - G) - fq_2^f$$

3. 零售商的利润函数

零售商作为供应链终端向消费者提供产品，在此供应链中，零售商的利润包括产品$_1$的利润和产品$_2$的利润，即零售商利润=产品$_1$单位利润×产品$_1$销量+产品$_2$单位利润×产品$_2$销量，此时零售商的利润函数如下：

$$\pi_r^f = (p_1^f - w_1^f)q_1^f + (p_2^f - w_2^f)q_2^f$$

（二）单位付费的专利授权情形的均衡决策

1. 制造商减排率及批发价

当制造商$_1$向制造商$_2$收取单位专利授权费用时，零售商目标与无专利授权时一致，因此产品$_1$与产品$_2$的均衡零售价的反应函数依旧为式（6-5）和式（6-6）。在两个制造商的利润反应函数中分别代入式（6-5）和式（6-6），并进行联立求解可以得出两个制造商的减排率和批发价如下：

$$e_1^{f^*}=\frac{\alpha p_e(\theta(1-\beta)(2k-p_e^2)+\beta(4k-p_e^2))+p_e^2((1-\theta^2)p_e^2+2k(\theta^2+\theta-2))}{(4k-p_e^2)^2-\theta^2(2k-p_e^2)^2}+$$

$$\frac{fp_e\theta(\theta^2-1)(2k-p_e^2)}{(4k-p_e^2)^2-\theta^2(2k-p_e^2)^2} \tag{6-14}$$

$$w_1^{f^*}=\frac{\alpha(\theta(1-\beta)(2k-p_e^2)^2+\beta(4k-p_e^2)(2k-p_e^2))+2kp_e((4k-p_e^2)+\theta(2k-p_e^2))}{(4k-p_e^2)^2-\theta^2(2k-p_e^2)^2}+$$

$$\frac{4fk\theta(3k-p_e^2)}{(4k-p_e^2)^2-\theta^2(2k-p_e^2)^2} \tag{6-15}$$

$$e_2^{f^*}=\frac{\alpha p_e(\beta\theta(2k-p_e^2)+(1-\beta)(4k-p_e^2))+p_e^2((1-\theta^2)p_e^2+2k(\theta^2+\theta-2))}{(4k-p_e^2)^2-\theta^2(2k-p_e^2)^2}+$$

$$\frac{fp_e(\theta^2-1)(4k-p_e^2)}{(4k-p_e^2)^2-\theta^2(2k-p_e^2)^2} \tag{6-16}$$

$$w_2^{f^*}=\frac{\alpha(\beta\theta(2k-p_e^2)^2+(1-\beta)(4k-p_e^2)(2k-p_e^2))+2kp_e((4k-p_e^2)+\theta(2k-p_e^2))}{(4k-p_e^2)^2-\theta^2(2k-p_e^2)^2}+$$

$$\frac{2fk((4k-p_e^2)+\theta^2(2k-p_e^2))}{(4k-p_e^2)^2-\theta^2(2k-p_e^2)^2} \tag{6-17}$$

2. 产品零售价

在两种产品均衡零售价的反应函数中分别代入式（6-14）~式（6-17），可以得出产品$_1$、产品$_2$的均衡零售价分别如下：

$$p_1^{f^*}=\frac{\alpha(\theta(1-\beta)(2k-p_e^2)^2+\beta(4k-p_e^2)(2k-p_e^2))+2kp_e((4k-p_e^2)+\theta(2k-p_e^2))}{2(4k-p_e^2)^2-2\theta^2(2k-p_e^2)^2}+$$

$$\frac{4fk\theta(3k-p_e^2)}{2(4k-p_e^2)^2-2\theta^2(2k-p_e^2)^2}+\frac{\alpha\beta+\alpha\theta-\alpha\beta\theta}{2(1-\theta^2)}$$

$$p_2^{f^*}=\frac{\alpha(\beta\theta(2k-p_e^2)^2+(1-\beta)(4k-p_e^2)(2k-p_e^2))+2kp_e((4k-p_e^2)+\theta(2k-p_e^2))}{2(4k-p_e^2)^2-2\theta^2(2k-p_e^2)^2}+$$

$$\frac{2fk((4k-p_e^2)+\theta^2(2k-p_e^2))}{2(4k-p_e^2)^2-2\theta^2(2k-p_e^2)^2}+\frac{\alpha+\alpha\beta\theta-\alpha\beta}{2(1-\theta^2)}$$

3. 产品需求量

将均衡零售价代入式（6-1）、式（6-2）可以得到均衡需求量：

$$q_1^{f^*}=\frac{\alpha(\theta(\beta\theta+\beta-1)(2k-p_e^2)^2+(\theta-\beta-\beta\theta)(4k-p_e^2)(2k-p_e^2))}{2(4k-p_e^2)^2-2\theta^2(2k-p_e^2)^2}+$$
$$\frac{2kp_e(\theta-1)((4k-p_e^2)+\theta(2k-p_e^2))+2fk\theta(2k-p_e^2)(\theta^2-1)}{2(4k-p_e^2)^2-2\theta^2(2k-p_e^2)^2}+\frac{\alpha\beta}{2}$$

$$q_2^{f^*}=\frac{\alpha(\theta(\theta-\beta-\beta\theta)(2k-p_e^2)^2+(\beta\theta-\beta+1)(4k-p_e^2)(2k-p_e^2))}{2(4k-p_e^2)^2-2\theta^2(2k-p_e^2)^2}+$$
$$\frac{2kp_e(\theta-1)((4k-p_e^2)+\theta(2k-p_e^2))+2fk(4k-p_e^2)(\theta^2-1)}{2(4k-p_e^2)^2-2\theta^2(2k-p_e^2)^2}+\frac{\alpha(1-\beta)}{2}$$

4. 各参与主体的利润

将以上所求均衡解代入两个制造商及零售商的利润函数中，可以得到均衡利润：

$$\pi_{m1}^{f^*}=w_1^{f^*}q_1^{f^*}-\frac{ke_1^{f^*2}}{2}-p_e((1-e_1^{f^*})q_1^{f^*}-G)+fq_2^{f^*}$$

$$\pi_{m2}^{f^*}=w_2^{f^*}q_2^{f^*}-\frac{ke_2^{f^*2}}{2}-p_e((1-e_2^{f^*})q_2^{f^*}-G)-fq_2^{f^*}$$

$$\pi_r^{f^*}=(p_1^{f^*}-w_1^{f^*})q_1^{f^*}+(p_2^{f^*}-w_2^{f^*})q_2^{f^*}$$

由以上计算结果汇总可得单位专利费用授权模式下的最优决策，如表6-3所示。

表 6-3 单位专利费用授权模式下的最优决策

变量	值
产品$_1$零售价	$p_1^{f^*}=\frac{\alpha(\theta(1-\beta)(2k-p_e^2)^2+\beta(4k-p_e^2)(2k-p_e^2))+2kp_e((4k-p_e^2)+\theta(2k-p_e^2))}{2(4k-p_e^2)^2-2\theta^2(2k-p_e^2)^2}+\frac{4fk\theta(3k-p_e^2)}{2(4k-p_e^2)^2-2\theta^2(2k-p_e^2)^2}+\frac{\alpha\beta+\alpha\theta-\alpha\beta\theta}{2(1-\theta^2)}$

续表

变量	值
产品$_2$零售价	$p_2^{f*}=\frac{\alpha(\beta\theta(2k-p_e^2)^2+(1-\beta)(4k-p_e^2)(2k-p_e^2))+2kp_e((4k-p_e^2)+\theta(2k-p_e^2))}{2(4k-p_e^2)^2-2\theta^2(2k-p_e^2)^2}+\frac{2fk((4k-p_e^2)+\theta^2(2k-p_e^2))}{2(4k-p_e^2)^2-2\theta^2(2k-p_e^2)^2}+\frac{\alpha+\alpha\beta\theta-\alpha\beta}{2(1-\theta^2)}$
产品$_1$批发价	$w_1^{f*}=\frac{\alpha(\theta(1-\beta)(2k-p_e^2)^2+\beta(4k-p_e^2)(2k-p_e^2))+2kp_e((4k-p_e^2)+\theta(2k-p_e^2))}{(4k-p_e^2)^2-\theta^2(2k-p_e^2)^2}+\frac{4fk\theta(3k-p_e^2)}{(4k-p_e^2)^2-\theta^2(2k-p_e^2)^2}$
产品$_2$批发价	$w_2^{f*}=\frac{\alpha(\beta\theta(2k-p_e^2)^2+(1-\beta)(4k-p_e^2)(2k-p_e^2))+2kp_e((4k-p_e^2)+\theta(2k-p_e^2))}{(4k-p_e^2)^2-\theta^2(2k-p_e^2)^2}+\frac{2fk((4k-p_e^2)+\theta^2(2k-p_e^2))}{(4k-p_e^2)^2-\theta^2(2k-p_e^2)^2}$
产品$_1$减排率	$e_1^{f*}=\frac{\alpha p_e(\theta(1-\beta)(2k-p_e^2)+\beta(4k-p_e^2))+p_e^2((1-\theta^2)p_e^2+2k(\theta^2+\theta-2))}{(4k-p_e^2)^2-\theta^2(2k-p_e^2)^2}+\frac{fp_e\theta(\theta^2-1)(2k-p_e^2)}{(4k-p_e^2)^2-\theta^2(2k-p_e^2)^2}$
产品$_2$减排率	$e_2^{f*}=\frac{\alpha p_e(\beta\theta(2k-p_e^2)+(1-\beta)(4k-p_e^2))+p_e^2((1-\theta^2)p_e^2+2k(\theta^2+\theta-2))}{(4k-p_e^2)^2-\theta^2(2k-p_e^2)^2}+\frac{fp_e(\theta^2-1)(4k-p_e^2)}{(4k-p_e^2)^2-\theta^2(2k-p_e^2)^2}$
产品$_1$需求量	$q_1^{f*}=\frac{\alpha(\theta(\beta\theta+\beta-1)(2k-p_e^2)^2+(\theta-\beta-\beta\theta)(4k-p_e^2)(2k-p_e^2))}{2(4k-p_e^2)^2-2\theta^2(2k-p_e^2)^2}+\frac{2kp_e(\theta-1)((4k-p_e^2)+\theta(2k-p_e^2))+2fk\theta(2k-p_e^2)(\theta^2-1)}{2(4k-p_e^2)^2-2\theta^2(2k-p_e^2)^2}+\frac{\alpha\beta}{2}$
产品$_2$需求量	$q_2^{f*}=\frac{\alpha(\theta(\theta-\beta-\beta\theta)(2k-p_e^2)^2+(\beta\theta-\beta+1)(4k-p_e^2)(2k-p_e^2))}{2(4k-p_e^2)^2-2\theta^2(2k-p_e^2)^2}+\frac{2kp_e(\theta-1)((4k-p_e^2)+\theta(2k-p_e^2))+2fk(4k-p_e^2)(\theta^2-1)}{2(4k-p_e^2)^2-2\theta^2(2k-p_e^2)^2}+\frac{\alpha(1-\beta)}{2}$
制造商$_1$利润	$\pi_{m1}^{f*}=w_1^{f*}q_1^{f*}-\frac{k{e_1^{f*}}^2}{2}-p_e((1-e_1^{f*})q_1^{f*}-G)+fq_2^{f*}$

续表

变量	值
制造商$_2$利润	$\pi_{m2}^{f*}=w_2^{f*}q_2^{f*}-\frac{ke_2^{f*2}}{2}-p_e((1-e_2^{f*})q_2^{f*}-G)-fq_2^{f*}$
零售商利润	$\pi_r^{f*}=(p_1^{f*}-w_1^{f*})q_1^{f*}+(p_2^{f*}-w_2^{f*})q_2^{f*}$

根据单位专利费用授权策略下的均衡解，可得命题 6-3 和命题 6-4。

命题 6-3：单位专利费用授权策略下两个制造商的减排率、批发价、需求量与竞争程度呈正相关关系。

证明：

$$\frac{\partial e_1^{f*}}{\partial\theta}=\frac{2p_e\theta(2k-p_e^2)^2((\alpha(1-\beta)-f(1-\theta^2))\theta(2k-p_e^2)+(\alpha\beta-p_e)(4k-p_e^2))}{((4k-p_e^2)^2-\theta^2(2k-p_e^2)^2)^2}+\frac{2p_e\theta(2k-p_e^2)^2(p_e\theta^2(2k-p_e^2)+2kp_e\theta)}{((4k-p_e^2)^2-\theta^2(2k-p_e^2)^2)^2}+\frac{p_e((\alpha(1-\beta)-f(1-3\theta^2))(2k-p_e^2)+2p_e\theta(2k-p_e^2)+2kp_e)}{(4k-p_e^2)^2-\theta^2(2k-p_e^2)^2}>0$$

$$\frac{\partial e_2^{f*}}{\partial\theta}=\frac{2p_e\theta(2k-p_e^2)^2((\alpha(1-\beta)-f(1-\theta^2))(4k-p_e^2)+(\alpha\beta\theta-p_e)(2k-p_e^2))}{((4k-p_e^2)^2-\theta^2(2k-p_e^2)^2)^2}+\frac{2p_e\theta(2k-p_e^2)^2(p_e\theta^2(2k-p_e^2)+2kp_e(\theta-1))}{((4k-p_e^2)^2-\theta^2(2k-p_e^2)^2)^2}+\frac{p_e(\alpha\beta(2k-p_e^2)+2f\theta(4k-p_e^2)+2p_e\theta(2k-p_e^2)+2kp_e)}{(4k-p_e^2)^2-\theta^2(2k-p_e^2)^2}>0$$

$$\frac{\partial w_1^{f*}}{\partial\theta}=\frac{2\theta(2k-p_e^2)^2(\alpha(1-\beta)\theta(2k-p_e^2)^2+\alpha\beta(2k-p_e^2)(4k-p_e^2))}{((4k-p_e^2)^2-\theta^2(2k-p_e^2)^2)^2}+\frac{2\theta(2k-p_e^2)^2(2kp_e\theta(2k-p_e^2)+2kp_e(4k-p_e^2)+4fk\theta(3k-p_e^2))}{((4k-p_e^2)^2-\theta^2(2k-p_e^2)^2)^2}+\frac{\alpha(1-\beta)(2k-p_e^2)^2+2kp_e(2k-p_e^2)+4fk(3k-p_e^2)}{(4k-p_e^2)^2-\theta^2(2k-p_e^2)^2}>0$$

$$\frac{\partial w_2^{f*}}{\partial\theta}=\frac{2\theta(2k-p_e^2)^2(\alpha\beta\theta(2k-p_e^2)^2+\alpha(1-\beta)(2k-p_e^2)(4k-p_e^2))}{((4k-p_e^2)^2-\theta^2(2k-p_e^2)^2)^2}+$$

$$\frac{2\theta(2k-p_e^2)^2(2kp_e\theta(2k-p_e^2)+2kp_e(4k-p_e^2))}{((4k-p_e^2)^2-\theta^2(2k-p_e^2)^2)^2}+$$

$$\frac{2\theta(2k-p_e^2)^2(2fk(4k-p_e^2)+2fk\theta^2(2k-p_e^2))}{((4k-p_e^2)^2-\theta^2(2k-p_e^2)^2)^2}+$$

$$\frac{\alpha\beta(2k-p_e^2)^2+2kp_e(2k-p_e^2)+4fk\theta(2k-p_e^2)}{(4k-p_e^2)^2-\theta^2(2k-p_e^2)^2}>0$$

$$\frac{\partial q_1^{f*}}{\partial\theta}=\frac{(4\alpha(1-\beta)k^2(2k-p_e^2)(k-p_e^2)+\alpha(1-\beta)kp_e^4(2k-p_e^2)+8k^3p_e(k-p_e^2)+2k^2p_e^5)\theta^2}{(4k-p_e^2)^4-2\theta^2(2k-p_e^2)^2(4k-p_e^2)^2+\theta^4(2k-p_e^2)^4}+$$

$$\frac{(8\alpha\beta k^2(4k-p_e^2)(k-p_e^2)+2\alpha\beta kp_e^4(4k-p_e^2)+24k^3p_e(\frac{3}{2}k-p_e^2)+4k^2p_e^5)\theta}{(4k-p_e^2)^4-2\theta^2(2k-p_e^2)^2(4k-p_e^2)^2+\theta^4(2k-p_e^2)^4}+$$

$$\frac{(fk^3(84\theta^2-8\theta^4)+2fkp_e^4)(k-p_e^2)+(22\theta^2-6\theta^4)fk^2p_e^4+4fk^4\theta^2+4fk^3p_e^2\theta^4+fkp_e^6\theta^4}{(4k-p_e^2)^4-2\theta^2(2k-p_e^2)^2(4k-p_e^2)^2+\theta^4(2k-p_e^2)^4}+$$

$$\frac{(\alpha(1-\beta)-f)k(32k^2(k-p_e^2)+p_e^4(10k-p_e^2))+16k^3p_e(2k-p_e^2)+2k^2p_e^5}{(4k-p_e^2)^4-2\theta^2(2k-p_e^2)^2(4k-p_e^2)^2+\theta^4(2k-p_e^2)^4}>0$$

$$\frac{\partial q_2^{f*}}{\partial\theta}=\frac{(8\alpha(1-\beta)k^2(4k-p_e^2)(k-p_e^2)+2\alpha(1-\beta)kp_e^4(4k-p_e^2)+24k^3p_e(\frac{3}{2}k-p_e^2))\theta}{(4k-p_e^2)^4-2\theta^2(2k-p_e^2)^2(4k-p_e^2)^2+\theta^4(2k-p_e^2)^4}+$$

$$\frac{(4k^2p_e^5+56fk^3(k-p_e^2)+40fk^4+8fk^2p_e^4)\theta}{(4k-p_e^2)^4-2\theta^2(2k-p_e^2)^2(4k-p_e^2)^2+\theta^4(2k-p_e^2)^4}+$$

$$\frac{(4\alpha\beta k^2(2k-p_e^2)(k-p_e^2)+\alpha\beta kp_e^4(2k-p_e^2)+8k^3p_e(k-p_e^2)+2k^2p_e^5)\theta^2}{(4k-p_e^2)^4-2\theta^2(2k-p_e^2)^2(4k-p_e^2)^2+\theta^4(2k-p_e^2)^4}+$$

$$\frac{\alpha\beta k(32k^2(k-p_e^2)+p_e^4(10k-p_e^2))+16k^3p_e(2k-p_e^2)+2k^2p_e^5}{(4k-p_e^2)^4-2\theta^2(2k-p_e^2)^2(4k-p_e^2)^2+\theta^4(2k-p_e^2)^4}>0$$

在单位专利费用授权策略下，通过两个制造商的减排率、批发价、需求量与竞争程度进行求导，可以发现求导结果均大于零，说明单位专利费用授权策略下两个制造商的减排率、批发价、需求量与竞争程度呈正相关关系，两个制造商的减排率、批发价、需求量会随着竞争程度的增大而增加。证毕。

命题 6-4：在制造商$_1$ 向制造商$_2$ 收取单位专利授权费用时，有：①产品$_1$、产品$_2$ 的减排率和需求量均与单位专利授权费用f负相关；②产品$_1$、产品$_2$ 的批发价和零售价均与单位专利授权费用f正相关。

证明：

$$\frac{\partial e_1^{f*}}{\partial f}=\frac{p_e\theta(\theta^2-1)(2k-p_e^2)}{(4k-p_e^2)^2-\theta^2(2k-p_e^2)^2}<0$$

$$\frac{\partial e_2^{f*}}{\partial f}=\frac{p_e(\theta^2-1)(4k-p_e^2)}{(4k-p_e^2)^2-\theta^2(2k-p_e^2)^2}<0$$

$$\frac{\partial w_1^{f*}}{\partial f}=\frac{4k\theta(3k-p_e^2)}{(4k-p_e^2)^2-\theta^2(2k-p_e^2)^2}>0$$

$$\frac{\partial w_2^{f*}}{\partial f}=\frac{2((4k-p_e^2)+\theta^2(2k-p_e^2))}{(4k-p_e^2)^2-\theta^2(2k-p_e^2)^2}>0$$

$$\frac{\partial p_1^{f*}}{\partial f}=\frac{2k\theta(3k-p_e^2)}{(4k-p_e^2)^2-\theta^2(2k-p_e^2)^2}>0$$

$$\frac{\partial p_2^{f*}}{\partial f}=\frac{(4k-p_e^2)+\theta^2(2k-p_e^2)}{(4k-p_e^2)^2-\theta^2(2k-p_e^2)^2}>0$$

$$\frac{\partial q_1^{f*}}{\partial f}=\frac{k\theta(2k-p_e^2)(\theta^2-1)}{(4k-p_e^2)^2-\theta^2(2k-p_e^2)^2}<0$$

$$\frac{\partial q_2^{f*}}{\partial f}=\frac{k(4k-p_e^2)(\theta^2-1)}{(4k-p_e^2)^2-\theta^2(2k-p_e^2)^2}<0$$

证毕。

命题 6-4 表明，单位专利授权费用会对制造商$_2$ 产生负面影响。这是因为单位专利授权费用的提升相当于提升了制造商$_2$ 的减排成本，也就意味着制造商$_2$ 的生产成本增加，因此通过降低产品减排率来降低生产成本和抬高批发价格来维持自身收益成为了制造商$_2$ 此时的唯一选择。但是单位专利授权费用对制造商$_1$ 会产生正面影响，这是因为随着制造商$_2$ 批发价格的提升，在竞争机制的传导作用下，给了制造商$_1$提高批发价格的空间，制造商$_1$可以通过抬高批发价格的方式弥补降低减排率带来的碳交易损失。在这种情况下零售商只能通过制定更高的零售价来保障其利润，但这样也会导致产品需求量的降低。因此随着单位授权费用的提升，产品减排率下降，市场零售价却随之提升，产品向“高价低品质”发展，其市场产品需求量随之下降。

结合三种专利授权模式下的均衡解，可得命题 6-5 和命题 6-6。

命题 6-5：两个制造商在固定专利费用授权模式下的减排率均要高于单位专利费用授权模式下的减排率，并且制造商$_1$在无专利授权模式下减排率最高，而由于制造商$_2$在无专利授权模式下不具备减排能力，此模式下其减排率为 0。

证明：由式（6-10）和式（6-14）相减可得：

$$e_1^{F*}-e_1^{f*}=\frac{f(p_e\theta(1-\theta^2)(2k-p_e^2))}{(4k-p_e^2)^2-\theta^2(2k-p_e^2)^2}$$

易证明$\frac{f(p_e\theta(1-\theta^2)(2k-p_e^2))}{(4k-p_e^2)^2-\theta^2(2k-p_e^2)^2}>0$，因此 $e_1^{F*}>e_1^{f*}$，同理可证明 $e_2^{F*}>e_2^{f*}$。

将式（6-7）分子分母同乘$(4k-p_e^2)$，得：

$$e_1^{N*}=\frac{\alpha p_e(\theta(1-\beta)(4k-p_e^2)+2\beta(4k-p_e^2))+p_e^2(\theta^2+\theta-2)(4k-p_e^2)}{2(4k-p_e^2)^2-2\theta^2(2k-p_e^2)-\theta^2p_e^2}\tag{6-18}$$

将式（6-10）分子分母同乘 2，得：

$$e_1^{F*}=\frac{\alpha p_e(\theta(1-\beta)(4k-2p_e^2)+2\beta(4k-p_e^2))+p_e^2(2(1-\theta^2)p_e^2+4k(\theta^2+\theta-2))}{2(4k-p_e^2)^2-2\theta^2(2k-p_e^2)^2}\tag{6-19}$$

将式（6-18）分子与式（6-19）分子相减，得：

$$\alpha(1-\beta)\theta p_e^3-(\theta-\theta^2)p_e^4\tag{6-20}$$

由假设 6-5 可知，式（6-20）>0，即式（6-18）分子大于式（6-19）分子，易证明式（6-18）分母小于式（6-19）分母，因此式（6-18）大于式（6-19），即 $e_1^{N*}>e_1^{F*}$。

综上所述，可得结论：

$e_1^{f^*}<e_1^{F^*}<e_1^{N^*}$，$0=e_2^{N^*}<e_2^{f^*}<e_2^{F^*}$

证毕。

命题 6-5 表明，固定专利费用授权模式要比单位专利费用授权模式更具备减排优势，并且单就制造商$_1$而言，无专利授权模式可以发挥出其最大的减排效果。这是由于在不考虑无专利授权模式下制造商$_2$无法低碳生产，导致产品$_2$减排率为零的情况时，制造商$_2$可以获得专利授权，其具备了低碳生产能力，此时单位专利授权费用的持续支出会减少产品$_2$的利润，需要通过降低产品减排率来进行收益维持，而竞争机制的传导作用导致了单位专利费用授权模式下的制造商$_1$的减排率也会低于固定专利费用授权模式。而产品$_1$的减排率之所以在无专利授权模式下最高，是因为在无专利授权模式下，制造商$_1$没有额外的专利授权收益，因此必须保证足够的减排率来保障其碳交易市场收益。

命题 6-6：两个制造商在无专利授权模式以及单位专利费用授权模式下的批发价格和零售价格均要高于固定专利费用授权模式。

证明：由式（6-11）和式（6-15）相减可得：

$$w_1^{F^*}-w_1^{f^*}=-\frac{4f(k\theta(3k-p_e^2))}{(4k-p_e^2)^2-\theta^2(2k-p_e^2)^2}$$

易证明 $-\frac{4f(k\theta(3k-p_e^2))}{(4k-p_e^2)^2-\theta^2(2k-p_e^2)^2}<0$，因此 $w_1^{F^*}<w_1^{f^*}$，同理可证明 $w_2^{F^*}<w_2^{f^*}$。

将式（6-8）分子分母同乘$(4k-p_e^2)$，得：

$$w_1^{N^*}=\frac{\alpha(\theta(1-\beta)(2k-p_e^2)(4k-p_e^2)+2\beta(2k-p_e^2)(4k-p_e^2))}{2(4k-p_e^2)^2-2\theta^2(2k-p_e^2)-\theta^2p_e^2}+$$

$$\frac{p_e(4k(4k-p_e^2)+\theta(2k-p_e^2)(4k-p_e^2))}{2(4k-p_e^2)^2-2\theta^2(2k-p_e^2)-\theta^2p_e^2} \tag{6-21}$$

将式（6-11）分子分母同乘 2，得：

$$w_1^{F^*}=\frac{\alpha(\theta(1-\beta)(2k-p_e^2)(4k-2p_e^2)+2\beta(4k-p_e^2)(2k-p_e^2))}{2(4k-p_e^2)^2-2\theta^2(2k-p_e^2)^2}+\frac{p_e(4k(4k-p_e^2)+4k\theta(2k-p_e^2))}{2(4k-p_e^2)^2-2\theta^2(2k-p_e^2)^2} \tag{6-22}$$

将式（6-21）分子与式（6-22）分子相减，得：

$$\alpha(1-\beta)\theta p_e^2-\theta(2k-p_e^2)p_e^3 \tag{6-23}$$

由假设 6-5 可知，式（6-23）大于 0，即式（6-21）分子大于式（6-22）分子，易证明式（6-21）分母小于式（6-22）分母，因此式（6-21）大于式（6-22），即 $w_1^{N^*}>w_1^{F^*}$。

重复以上计算步骤可证明 $w_2^{N^*}>w_2^{F^*}$。

综上所述，可得结论：

$w_1^{f^*}>w_1^{F^*}$，$w_1^{N^*}>w_1^{F^*}$，$w_2^{f^*}>w_2^{F^*}$，$w_2^{N^*}>w_2^{F^*}$

由式（6-5）和式（6-6）化简可得：

$$p_1=\frac{w_1}{2}+\frac{\alpha\beta+\alpha\theta-\alpha\beta\theta}{2(1-\theta^2)}$$

$$p_2=\frac{w_2}{2}+\frac{\alpha-\alpha\beta+\alpha\beta\theta}{2(1-\theta^2)}$$

因此，p_1、p_2 在三种专利授权模式下的数量关系与 w_1、w_2 保持一致，可得结论：

$p_1^{f^*}>p_1^{F^*}$，$p_1^{N^*}>p_1^{F^*}$，$p_2^{f^*}>p_2^{F^*}$，$p_2^{N^*}>p_2^{F^*}$

证毕。

命题 6-6 表明，两个制造商采取无专利授权模式以及单位专利费用授权模式都比采取固定专利费用授权模式时更具产品价格优势。其原理同命题 6-2 相同，在固定专利费用授权模式和单位专利费用授权模式下，制造商$_2$ 获得专利授权后具备了低碳生产能力，此时单位专利授权费用的持续支出会减少产品$_2$ 的利润，需要通过提高其批发价格来进行收益维持，同时产品$_2$ 在 f 模型比 F 模型所提高的批发价格获得的收益可以弥补继续降低减排率带来的碳交易损失，而竞争机制的传导作用导致了 f 模型下的产品$_1$批发价格也高于 F 模型。在 N 模型下，制造商$_1$无法获得专利授权收益，必须保证足够高的批发价格来弥补此部分收益，此时产品$_1$的批发价格会高于 F 模型下，受竞争机制传导作用的影响，N 模型下产品$_2$的批发价格也会高于 F 模型。同命题 6-1 所言，单位专利授权费用的提升会持续提高产品$_2$的批发价格，因此在 N 模型和 f 模型下产品$_2$的批发价格的大小关系受单位专利授权费用的高低影响，同样因为竞争机制的传导作用，在 N 模型和 f 模型下产品$_1$的批发价格的大小关系也受单位专利授权费用的高低影响。而零售价格受批发价格影响，其三种模型下的特点与批发价格一致。

六、三种专利授权情形的对比分析

由于利润和减排率的表达式过于复杂，计算量大，因此本节通过数值仿真的方式对三种不同专利授权策略下的利润和减排率来进行比较分析。设定相关参数如下：$a=100$、$k=10$、$\beta=0.5$、$G=10$、$p_e=0.05$、$f=10$、$F=200$、$\theta=0.5$。

（一）竞争程度对减排率的影响

首先验证制造商之间的竞争程度对三种模式下制造商$_1$的产品减排率的影响（通过反应函数的对称性能够发现制造商$_2$的影响同制造商$_1$相似，因此不再对制造商$_2$进行单独验证，后文也均只对制造商$_1$进行验证）。用 Matlab 软件作图得到图 6-2。

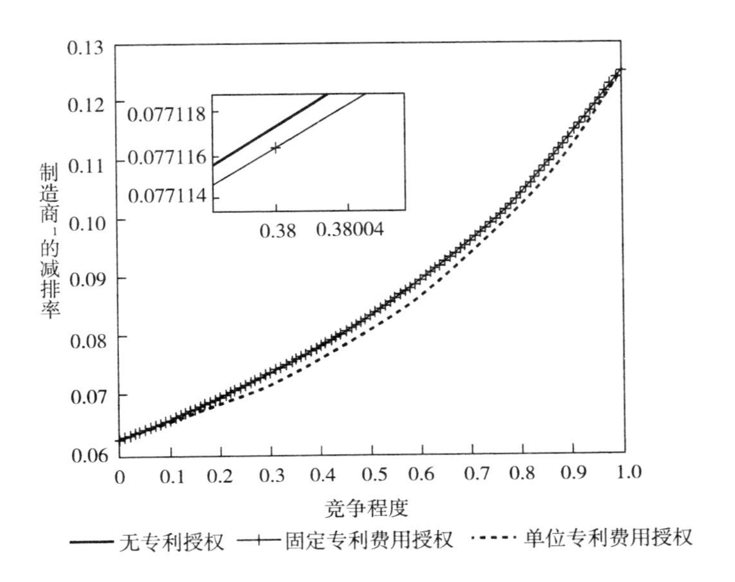

图 6-2　竞争程度对制造商$_1$减排率的影响

通过图 6-2 可以发现，在专利授权费用一定的情况下，无论采用哪种专利授权策略，竞争程度的增大均会导致制造商$_1$减排率的增加，并且增加的幅度会随着竞争程度的加剧而提高，这也验证了命题 6-1 至命题 6-3 的结论。这是因为制造商之间存在的竞争程度越大，产品之间存在的替代效应也就越大，在市场潜在规模足够时，替代效应会导致产品的需求量的增大，利润也就随之增加，存在充足的利润空间以提升减排率。而当制造商之间不存在竞争时，竞争效应的消失导致了不同专利授权模式的影响缺乏“传导”途径，因此三种模式下的产品减排率相同。

（二）碳交易价格对减排率的影响

本部分将碳交易价格作为决策变量来探讨其对制造商减排率的影响（为保证结果合理化，将碳交易价格的范围定为 0~0. 3），用 Matlab 软件作图得到图 6-3。

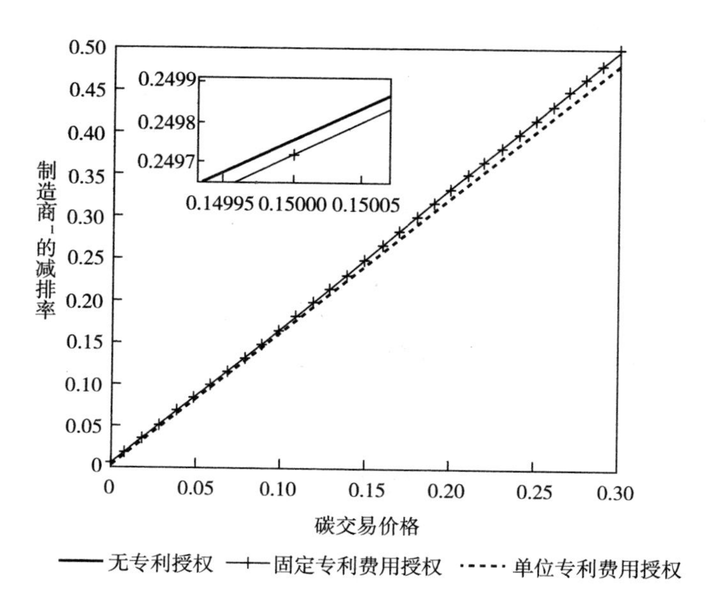

图 6-3　碳交易价格对制造商$_1$减排率的影响

图 6-3 表明，在专利授权费用一定的情况下，无论采用哪种专利授权策略，制造商$_1$ 的减排率和碳权交易价格均呈上升态势，这是因为碳交易价格上涨意味着碳排放成本增加，因此必须提高减排率来减少碳交易损失或是增大碳交易市场的利润空间。

结合图 6-2、图 6-3 可以发现，不管竞争程度和碳交易价格的大小与否，无专利授权模式下的产品减排率是最大的，其次是固定专利费用授权模式，而单位专利费用授权模式下的产品减排率是最小的，这与上部分得到的命题 6-5 结论一致。

（三）竞争程度对利润的影响

本部分验证制造商之间的竞争程度对三种模式下制造商$_1$ 利润的影响，用 Matlab 软件作图得到图 6-4。

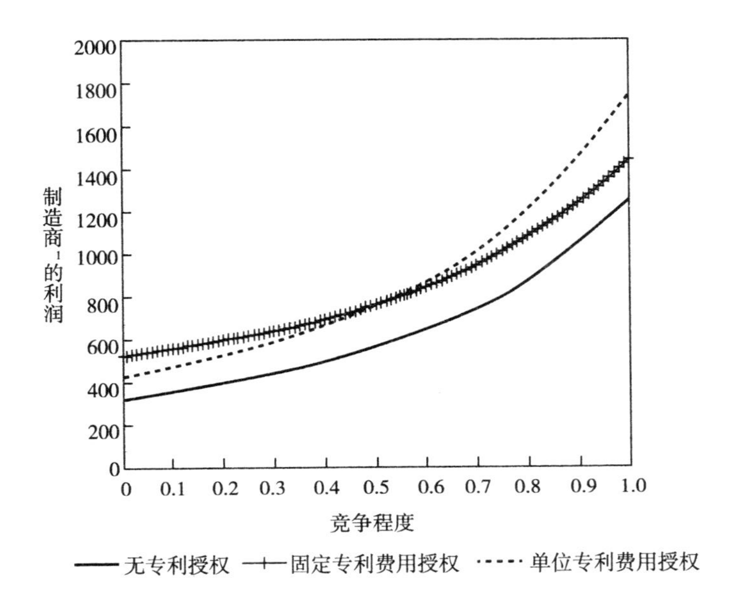

图 6-4　竞争程度对制造商$_1$利润的影响

通过图 6-4 可以发现，在专利授权费用一定的情况下，无论采用哪种专利授权策略，竞争程度的增大均会导致制造商$_1$利润的增加，并且增加的幅度会随着竞争程度的加剧而提高，这同样是由于产品替代效应所导致的。同时无论竞争程度大小，固定专利费用授权模式和单位专利费用授权模式均比无专利授权模式下的制造商$_1$利润大，并且竞争程度存在某一阈值，当竞争程度小于该阈值时，固定专利费用授权模式下的制造商$_1$利润大于单位专利费用授权模式，反之，单位专利费用授权模式下的制造商$_1$利润大于固定专利费用授权模式。

（四）碳交易价格对利润的影响

本部分将碳交易价格作为决策变量来探讨其对制造商利润的影响，用 Matlab 软件作图得到图 6-5。

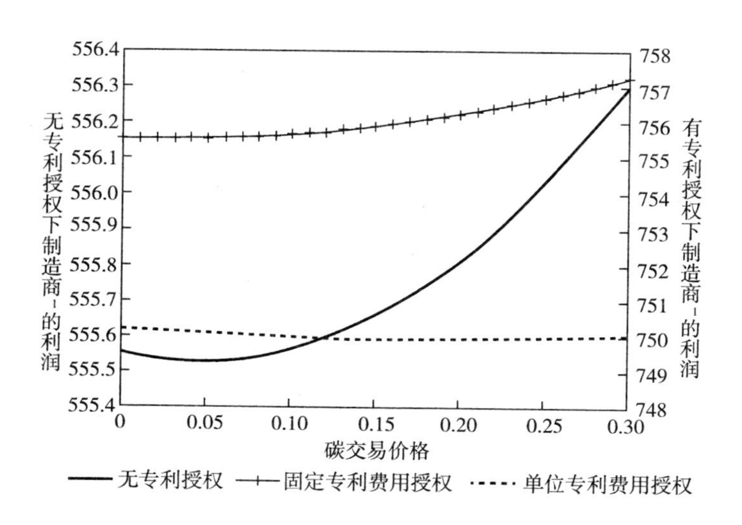

图 6-5　碳交易价格对制造商$_1$利润的影响

从图 6-5 可以看出，不管在哪种专利授权策略下，制造商$_1$的利润都受碳交易价格变化的影响，在碳交易价格不超过某一阈值时，制造商$_1$的利润随碳交易价格的增加而减少，反之制造商$_1$的利润随碳交易价格的增加而增加。这是因为碳交易价格的上升会导致产品成本增加形成价格抬升造成产品需求量减少使制造商$_1$利润降低，由于减排率会随着碳交易价格的上涨而提升，因此当碳交易价格高于某一阈值时，此时的高减排率可以使制造商$_1$将多余的碳排放权进行交易来获取收益，从而增加制造商$_1$的利润。

（五）专利授权费用对利润的影响

本部分首先验证单位专利授权费用的变化在单位专利费用授权模式下会导致各决策者的利润产生何种变化（为保证制造商$_2$利润，将单位授权费用和固定授权费用的范围分别定为 0～50 和 0～200），用 Matlab 软件作图得到图 6-6。

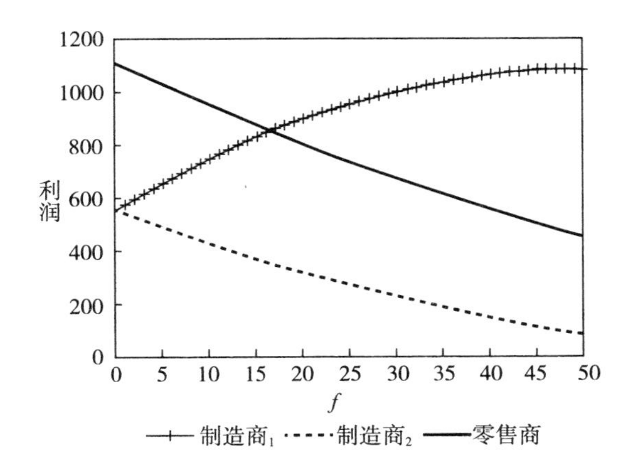

图 6-6　单位专利授权费用对两个制造商及零售商利润的影响

由图 6-6 可知，制造商之间采用单位专利费用授权策略时，制造商$_1$ 的利润随着单位费用的增加而增加，制造商$_2$ 的利润随着单位专利授权费用的增加而减少，但是增加或减少的趋势会越来越平缓。这是因为制造商$_1$ 可以通过提高单位专利授权费用的方法来直接扩大其利润，而这也将导致制造商$_2$ 的利润降低，为保证制造商$_2$ 的利润必定导致产品$_2$ 价格上升，进而引发产品$_1$ 价格的提高，导致产品$_1$、产品$_2$ 的销售量都逐步降低，制造商$_1$、制造商$_2$ 的利润趋于稳定，这也与命题 6-4 结论相对应。对于零售商而言，产品$_1$、产品$_2$ 的销售量随着单位专利授权费用的增加而减少，因此零售商利润也随之减少。

其次验证单位专利授权费用和固定专利授权费用对三种专利授权模式下制造商$_1$ 利润的影响，用 Matlab 软件作图得到图 6-7。

由图 6-7 可知，无论是单位专利费用授权策略还是固定专利费用授权策略，制造商$_1$ 的利润要比无专利授权策略时更高，并且在一定的固定专利授权费用下，单位专利授权费用处于合适的区间时，单位专利费用授权策略下的制造商$_1$ 的利润也是三种专利授权策略中最大的。因此从策略偏好的角度，制造商$_1$ 首先更偏好于采取某一合适的单位专利授权费用下的专利授权策略，其次是固定专利费用授权策略，最后才是无专利授权策略。

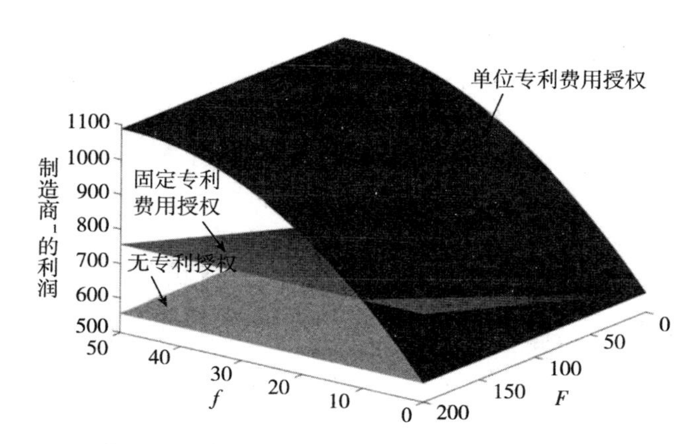

图 6-7　专利授权费用对制造商$_1$利润的影响

（六）专利授权模式范围分析

通过上文的数值分析可以发现，竞争程度和专利授权费用对制造商$_1$的利润影响较高，而碳交易价格对其影响较小，因此本部分综合考虑竞争程度和两种不同模式下的专利授权费用，针对制造商$_1$利润的比较来判断制造商$_1$的专利授权模式的选择范围，用 Matlab 软件作图得到图 6-8。

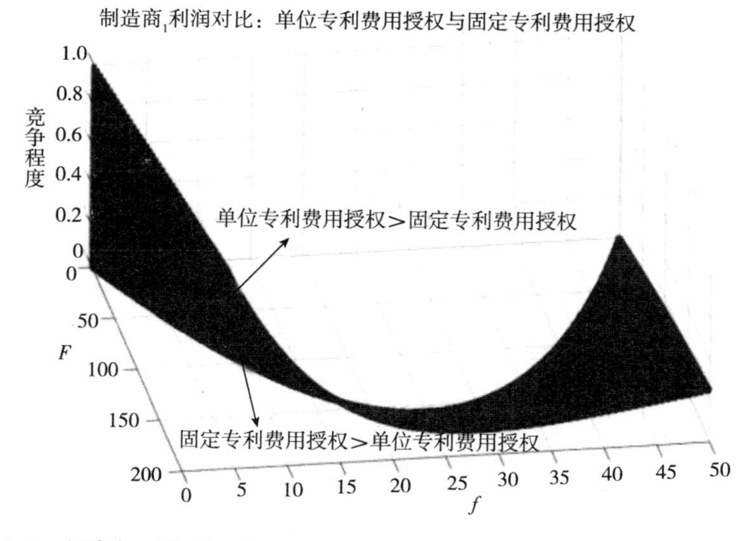

图 6-8　制造商$_1$利润的比较：单位专利费用授权模式与固定专利费用授权模式

通过图6-8可以看出，当竞争程度与专利授权费用处于右上部分时，制造商$_1$在单位专利费用授权模式下的利润大于固定专利费用授权模式，而当竞争程度与专利授权费用处于左下部分时，制造商$_1$在单位专利费用授权模式下的利润小于固定专利费用授权模式，因此制造商$_1$进行专利授权模式选择时要充分考虑相关因素，但是单位专利费用授权模式具备更大的使用空间。

七、本章小结

本章在两个竞争型制造商（减排技术持有型制造商和减排技术购买型制造商）和一个零售商构成的二级供应链情境下，对无专利授权、固定专利费用授权和单位专利费用授权三种策略，关于制造商之间的竞争程度、碳交易价格以及专利授权费用的影响进行了对比，得出以下主要结论。当竞争程度较小时，减排技术持有型制造商选择固定专利费用授权模式具备更大的经济效益，当竞争程度较大时，减排技术持有型制造商选择单位专利费用授权模式具备更大的经济效益。碳交易价格越高对减排技术持有型制造商就越有利。从提高减排效果的角度来说，固定专利费用授权模式是最优专利授权策略。减排技术持有型制造商会更倾向于选择单位专利费用授权策略。单位专利授权费用的增加有利于提升减排技术持有型制造商的利润但是会“牺牲”一定的减排效果。因此对于制造商来说，具备产品减排能力的制造商在进行减排专利授权时，除了考虑利润最大化，还应充分考虑专利授权模式对减排率的影响，实现环境效益及经济效益之间的平衡。而不具备产品减排能力的制造商除了考虑寻求减排专利授权外，还应积极探索绿色生产的新方式，避免因专利授权费用带来的利润降低。

第四部分

生产企业视角下的碳交易影响

第七章

碳交易下的生产企业减排决策

一、问题描述与基本假设

（一）问题描述

本章针对由一家生产企业和一个零售商组成的供应链，生产企业生产产品$_1$和产品$_2$两种产品，以不同的批发价格批发给零售商，零售商再以不同的零售价格售卖给消费者，如图7-1所示。两种产品碳排放量不同，生产企业的生产过程受到政府分配碳配额的约束，需要进行碳减排以减少碳排放量，同时生产企业也可以在碳交易市场中出售（购买）多余（不足）的碳配额。

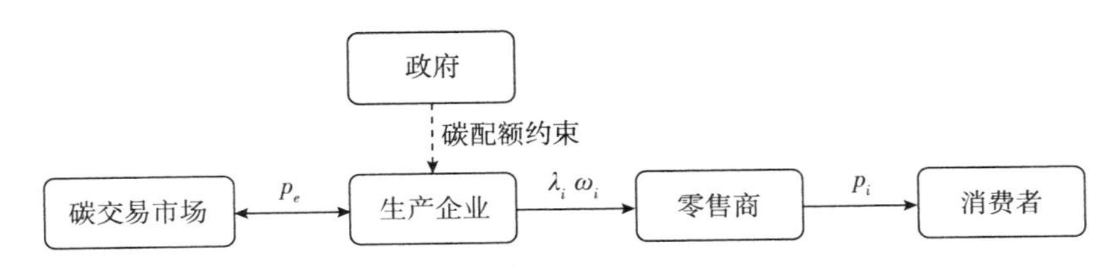

图7-1 供应链减排决策结构流程

对于不同产品来说，排放的基准不同，所以它们的减排量没有可比性，但减排率可以在不同产品之间进行比较，所以本章将减排率作为生产企业的决策变量。供应链各成员均以各自利润最大化为目标构建碳减排模型，生产企业需要决定两种产品的批发价格和减排率，零售商需要决定两种产品的零售价。

本章选用的主要符号和说明如表 7-1 所示。

表 7-1　供应链减排决策的主要符号和说明

符号	说明
V	政府免费分配的碳排放配额
E	生产企业实际碳排放总量
e_i	生产企业不采用碳减排技术时，单位产品 i 的碳排放量
ω_i	单位产品的批发价格
p_i	单位产品 i 的零售价格
c_i	单位产品 i 的生产成本
a_i	产品 i 的潜在市场需求量
b	消费者低碳偏好
η	产品替代系数，$\lvert\eta\rvert<1$
λ_i	采用碳减排技术时，单位产品的减排率，$\lambda=\frac{\Delta e}{e}$且 $0\leqslant\lambda<1$
h_i	碳减排规模成本系数
q_i	产品 i 的市场需求量
p_e	单位碳权价格
π_m	生产企业的利润
π_r	零售商的利润

（二）基本假设

为了更详细清楚地解释模型，本节用到表 7-1 的符号和变量，并且提出以下相关假设。

假设7-1：消费者对低碳产品存在偏好，且产品的市场需求量由潜在市场需求 a_i、产品价格 p_i、产品间的相关性 η 和产品的减排程度来决定，用线性函数表示如下：

$$q_i = a_i - p_i + \eta p_{3-i} + b\lambda_i$$

其中，η 表示产品替代系数（$|\eta|<1$），$0<\eta<1$（$-1<\eta<0$），表明这两种产品是替代（互补）关系，$\eta=0$ 则表明这两种产品的需求独立，$i=1$，2。

假设7-2：企业的碳减排投入 $C(\lambda_i)$ 为一次性投入，且符合边际效应递减规律。$C(\lambda_i)=h\lambda_i^2$，$h$ 为生产企业碳减排规模成本系数，一般数值较大，$C'(\lambda_i)>0$，$C''(\lambda_i)>0$，$\lambda_i \in [0, 1)$。引入减排技术后，单位产品碳排放量为 $e_i(1-\lambda_i)$。

假设7-3：碳减排成本由生产企业全部承担，且减排投资不会影响产品的生产成本。现有技术水平下零碳排放的成本无穷大，因此企业无法实现碳的零排放，即减排率 $\lambda \in [0, 1)$。

假设7-4：在供应链中，两种产品的市场势力均等，因此，生产企业对产品的批发价格及零售商对产品的零售价格都为同时决策。

假设7-5：生产企业和零售商存在Stackelberg博弈，生产企业是领导者，零售商是追随者。

假设7-6：供应链上各成员信息完全共享，且均为风险中性的理性经济人，都以自身利益最大化为原则进行决策。

二、模型构建与求解分析

（一）采用减排技术的情形

当生产企业进行碳减排时，生产企业作为市场的主导者优先决策，首先由生产企业决定产品的批发价格和碳减排水平，其次零售商根据生产企业的决策结果再确定产品的零售价格。用上标 Y 表示生产企业碳减排的情形。

1. 生产企业利润函数

生产企业进行碳减排时 $\lambda>0$，产品的需求函数如下：

$$q_i^Y = a_i - p_i + \eta p_{3-i} + b\lambda_i \tag{7-1}$$

生产企业的收入包括批发销售收入和碳交易收入，成本包括碳减排成本。因此，生产企业的利润函数表示如下：

$$\pi_m^Y = (\omega_1 - c_1) q_1^Y + (\omega_2 - c_2) q_2^Y - (e_1 q_1 (1-\lambda_1) + e_2 q_2 (1-\lambda_2) - V) p_e - h_1 \lambda_1^2 - h_2 \lambda_2^2 \tag{7-2}$$

2. 零售商利润函数

零售商的收入包括产品的销售收入，成本包括产品的批发成本。因此，零售商的利润函数表示如下：

$$\pi_r^Y = (p_1 - \omega_1) q_1 + (p_2 - \omega_2) q_2 \tag{7-3}$$

3. 模型求解

采用逆向归纳法进行求解。首先，基于给定的批发价格和减排率，零售商以其自身利益最大化为目标确定产品的零售价格；其次，根据上述零售价格，生产企业以自身利润最大化为目标确定产品的最优批发价格和最优减排率。由此可得定理 7-1。

定理 7-1： 在生产企业进行碳减排的情形下，生产企业最优批发价格为 $\omega_1^{Y^*} = \arg\max \pi_m^Y(\omega_1^Y)$，$\omega_2^{Y^*} = \arg\max \pi_m^Y(\omega_2^Y)$，最优减排率为 $\lambda_1^{Y^*} = \arg\max \pi_m^Y(\lambda_1^Y)$，$\lambda_2^{Y^*} = \arg\max \pi_m^Y(\lambda_2^Y)$，零售商最优零售价格为 $p_1^{Y^*} = \dfrac{\eta(a_2 + b\lambda_2^* - \eta\omega_1^*) + (a_1 + b\lambda_1^* + \omega_1^*)}{2(1-\eta^2)}$，$p_2^{Y^*} = \dfrac{\eta(a_1 + b\lambda_1^* - \eta\omega_2^*) + (a_2 + b\lambda_2^* + \omega_2^*)}{2(1-\eta^2)}$。此时，生产企业和零售商可实现的最大利润分别为 $\pi_m^{Y^*}$、$\pi_r^{Y^*}$。

证明： 采用逆向归纳法进行求解。在第二阶段，由零售商决定产品的零售价格 p_1^Y、p_2^Y。将式 $q_i^Y = a_i - p_i + \eta p_{3-i} + b\lambda_i$ 代入式（7-3）得：

$$\pi_r^Y=(p_1-\omega_1)(a_1-p_1+\eta p_2+b\lambda_1)+(p_2-\omega_2)(a_2-p_2+\eta p_1+b\lambda_2) \quad (7-4)$$

将式（7-4）分别对 p_1、p_2 求偏导，可得零售商利润函数 π_r 的 Hessian 矩阵 $H_r(q_1,q_2)$ 如下：

$$H_r(q_1,q_2)=\begin{pmatrix}\frac{\partial^2\pi_r}{\partial p_1^2} & \frac{\partial^2\pi_r}{\partial p_2\partial p_1}\\ \frac{\partial^2\pi_r}{\partial p_1\partial p_2} & \frac{\partial^2\pi_r}{\partial p_2^2}\end{pmatrix}=\begin{pmatrix}-2 & 2\eta\\ 2\eta & -2\end{pmatrix}=4(1-\eta^2)>0 \quad (7-5)$$

由于 $|H_1|<0$，$|H_r(p_1,p_2)|>0$，故 Hessian 矩阵负定，即存在最优零售价格 p_1^*、p_2^* 使零售商的利润取得最大值。

对 π_r 求关于 p_1、p_2 的一阶偏导数并令其等于零，可以得到零售商对生产企业决策的最优反应函数：

$$p_1=\frac{\eta(a_2+b\lambda_2-\eta\omega_1)+(a_1+b\lambda_1+\omega_1)}{2(1-\eta^2)} \quad (7-6)$$

$$p_2=\frac{\eta(a_1+b\lambda_1-\eta\omega_2)+(a_2+b\lambda_2+\omega_2)}{2(1-\eta^2)} \quad (7-7)$$

将 p_1、p_2 代入 q_1^Y、q_2^Y 并化简可以得到：

$$q_1=\frac{a_1+b\lambda_1+\eta\omega_2-\omega_1}{2} \quad (7-8)$$

$$q_2=\frac{a_2+b\lambda_2+\eta\omega_1-\omega_2}{2} \quad (7-9)$$

在第一阶段，由生产企业决定两种产品的批发价格 ω_1^Y、ω_2^Y 和减排率 λ_1^Y、λ_2^Y。将式（7-8）、式（7-9）代入式（7-2）得：

$$\pi_m^Y=\frac{1}{2}((a_1+b\lambda_1+\eta\omega_2-\omega_1)(\omega_1-c_1-e_1(1-\lambda_1)p_e)+$$
$$(a_2+b\lambda_2+\eta\omega_1-\omega_2)(\omega_2-c_2-e_2(1-\lambda_2)p_e))-h_1\lambda_1^2-h_2\lambda_2^2+Vp_e \quad (7-10)$$

式（7-10）中关于批发价格 ω_1^Y、ω_2^Y 和减排率 λ_1^Y、λ_2^Y 的 Hessian 矩阵如下：

$$H_m^Y=\begin{pmatrix} -1 & \eta & \frac{b-e_1p_e}{2} & \frac{\eta e_2p_e}{2} \\ \eta & -1 & \frac{\eta e_1p_e}{2} & \frac{b-e_2p_e}{2} \\ \frac{b-e_1p_e}{2} & \frac{\eta e_1p_e}{2} & be_1p_e-2h_1 & 0 \\ \frac{\eta e_2p_e}{2} & \frac{b-e_2p_e}{2} & 0 & be_2p_e-2h_2 \end{pmatrix} \tag{7-11}$$

用 H_k 表示 Hessian 矩阵的 k 阶主子式。即

$$\begin{cases} H_1=-1<0 \\ H_2=1-\eta^2>0 \\ H_3=e_1p_e(\eta^2(b-e_1p_e)+b)-2h_1<0 \\ H_4=(be_1p_e-2h_1)(be_2p_e-2h_2)+\frac{(b-e_1p_e)^2(b-e_2p_e)^2}{16}>0 \end{cases} \tag{7-12}$$

由上述条件可知，生产企业的利润函数是关于批发价格 ω_1^Y、ω_2^Y 和减排率 λ_1^Y、λ_2^Y 的凹函数，即存在最优的批发价格 ω_1^{Y*}、ω_2^{Y*} 和减排率 λ_1^{Y*}、λ_2^{Y*} 使生产企业的利润最大化。联立 $\frac{\partial\pi_m^Y}{\partial\omega_1}=0$、$\frac{\partial\pi_m^Y}{\partial\omega_2}=0$、$\frac{\partial\pi_m^Y}{\partial\lambda_1}=0$、$\frac{\partial\pi_m^Y}{\partial\lambda_2}=0$ 可以得到生产企业的最优批发价格 ω_1^{Y*}、ω_2^{Y*} 和最优减排率 λ_1^{Y*}、λ_2^{Y*}。

$$\omega_1^{Y*}=\mathrm{argmax}\,\pi_m^Y(\omega_1^Y) \tag{7-13}$$

$$\omega_2^{Y*}=\mathrm{argmax}\,\pi_m^Y(\omega_2^Y) \tag{7-14}$$

$$\lambda_1^{Y*}=\mathrm{argmax}\,\pi_m^Y(\lambda_1^Y) \tag{7-15}$$

$$\lambda_2^{Y*}=\mathrm{argmax}\,\pi_m^Y(\lambda_2^Y) \tag{7-16}$$

将式（7-13）至式（7-16）代入式（7-6）、式（7-7）可得零售商的最优零售价格 p_1^*、p_2^*：

$$p_1^{Y*}=\frac{\eta(a_2+b\lambda_2^*-\eta\omega_1^*)+(a_1+b\lambda_1^*+\omega_1^*)}{2(1-\eta^2)} \tag{7-17}$$

$$p_2^{Y*}=\frac{\eta(a_1+b\lambda_1^*-\eta\omega_2^*)+(a_2+b\lambda_2^*+\omega_2^*)}{2(1-\eta^2)} \tag{7-18}$$

将上述最优决策代入式（7-2）、式（7-3），即可得生产企业和零售商可实现的最大利润：

$$\pi_m^{Y*}=\frac{1}{2}((a_1+b\lambda_1^*+\eta\omega_2^*-\omega_1^*)(\omega_1^*-c_1-e_1(1-\lambda_1^*)p_e)+(a_2+b\lambda_2^*+\eta\omega_1^*-\omega_2^*)(\omega_2^*-c_2-e_2(1-\lambda_2^*)p_e))-h_1\lambda_1^{*2}-h_2\lambda_2^{*2}+Vp_e \tag{7-19}$$

$$\pi_r^{Y*}=(p_1^*-\omega_1^*)(a_1-p_1^*+\eta p_2^*+b\lambda_1^*)+(p_2^*-\omega_2^*)(a_2-p_2^*+\eta p_1^*+b\lambda_2^*) \tag{7-20}$$

证毕。

命题 7-1： 当生产企业进行碳减排时，生产企业的利润随政府免费分配碳配额的增加而增加，而零售商利润和供应链成员的最优决策均与免费碳排放配额大小无关。

证明： 分别对两种产品的最优批发价格、零售价格、市场需求量、各节点企业利润求关于免费碳排放配额 V 的一阶偏导数，可以得到：

$$\frac{\partial\omega^{Y*}}{\partial V}=\frac{\partial\lambda^{Y*}}{\partial V}=\frac{\partial p^{Y*}}{\partial V}=\frac{\partial\pi_r^{Y*}}{\partial V}=0$$

$$\frac{\partial\pi_m^{Y*}}{\partial V}=p_e>0$$

证毕。

由命题 7-1 可知，在生产企业和零售商组成的二级供应链系统中，免费碳排放配额的变化只对生产企业的利润产生正向影响，而零售商利润及各成员的其他决策变量与免费碳配额无关。这是因为，随着政府免费分配碳配额的增加，生产企业需要额外购买的碳配额减少，碳交易成本降低，同时，生产企业还可以通过出售多余的碳配额来提高收益。这也意味着政府改变企业的免费碳配额只会对生产企业的总收入产生影响，而要想对产品价格和减排率等变量进行调节，只能通过调整碳价等其他因素来实现。

（二）只采用碳交易的情形

当生产企业不进行碳减排时，生产企业作为市场的主导者，优先决定产品的批发价格，然后由零售商根据生产企业的决策结果决定产品的零售价格，用上标“N”表示生产企业不减排的情形。

1. 生产企业利润函数

当生产企业不进行碳减排时 $\lambda=0$，两种产品的需求函数表示如下：

$$q_i^N=a_i-p_i+\eta p_{3-i} \tag{7-21}$$

生产企业的收入包括两种产品的批发销售收入和碳交易收入，成本只包括两种产品的生产成本。生产企业的利润函数表示如下：

$$\pi_m^N=(\omega_1-c_1)q_1+(\omega_2-c_2)q_2-(E-V)p_e \tag{7-22}$$

其中，$E=e_1q_1+e_2q_2$ 表示生产企业的碳排放总量。若 $E-V>0$，则企业实际碳排放总量大于政府免费分配的碳配额，此时企业需要支付一定费用购买碳配额；若 $E-V<0$，则企业实际碳排放总量小于政府免费分配的碳配额，此时企业可出售多余的碳配额以获取更多利润。

2. 零售商利润函数

零售商的收入包括两种产品的销售收入，成本包括两种产品的批发成本。零售商的利润函数表示如下：

$$\pi_r^N=(p_1-\omega_1)q_1+(p_2-\omega_2)q_2 \tag{7-23}$$

3. 模型求解

定理 7-2：生产企业不进行碳减排时，存在唯一的最优批发价格 $\omega_1^{N^*}$、$\omega_2^{N^*}$ 和最优零售价格 $p_1^{N^*}$、$p_2^{N^*}$，使生产企业和零售商获得最大利润 $\pi_m^{N^*}$、$\pi_r^{N^*}$。此时，$\omega_1^{N^*}$、$\omega_2^{N^*}$、$p_1^{N^*}$、$p_2^{N^*}$、$\pi_m^{N^*}$、$\pi_r^{N^*}$ 分别如下：

$$\omega_1^{N^*}=\frac{a_1+\eta a_2+(1-\eta^2)(c_1+e_1p_e)}{2(1-\eta^2)} \tag{7-24}$$

$$\omega_2^{N^*}=\frac{a_2+\eta a_1+(1-\eta^2)(c_2+e_2p_e)}{2(1-\eta^2)} \tag{7-25}$$

$$p_1^{N^*}=\frac{3(a_1+\eta a_2)+(1-\eta^2)(c_1+e_1p_e)}{4(1-\eta^2)} \tag{7-26}$$

$$p_2^{N^*}=\frac{3(a_2+\eta a_1)+(1-\eta^2)(c_2+e_2p_e)}{4(1-\eta^2)} \tag{7-27}$$

$$\pi_m^{N^*}=Vp_e+\frac{1}{8(1-\eta^2)}((a_1+\eta a_2-(1-\eta^2)(c_1+e_1p_e))(a_1-c_1-e_1p_e+\eta(c_2+e_2p_e))+$$

$$(a_2+\eta a_1-(1-\eta^2)(c_2+e_2p_e))(a_2-c_2-e_2p_e+\eta(c_1+e_1p_e))) \tag{7-28}$$

$$\pi_r^{N^*}=\frac{1}{16(1-\eta^2)}((a_1+\eta a_2-(1-\eta^2)(c_1+e_1p_e))(a_1-c_1-e_1p_e+\eta(c_2+e_2p_e))+$$

$$(a_2+\eta a_1-(1-\eta^2)(c_2+e_2p_e))(a_2-c_2-e_2p_e+\eta(c_1+e_1p_e))) \tag{7-29}$$

证明过程同定理 7-1。

三、减排决策的影响因素与分析

由于上述模型的均衡解比较复杂，因此本节借助 Matlab 软件来更直观地分析一些关键参数对最优决策及最优利润的影响。根据研究假设和前人研究设定，将基本参数设定如下：$a_1=a_2=100$、$c_1=c_2=5$、$e_1=e_2=5$、$h_1=h_2=1000$、$b=0.5$、$\eta=0.5$、$p_e=2$、$V=200$，仿真结果如下。

（一）均衡结果比较

在其他参数不变的前提下，为比较不同产品替代系数对供应链最优决策和最优利润的影响，取 η 分别为-0.6、-0.3、0、0.3、0.6，得出相关数据，如表 7-2 所示。我们可以得出：

（1）生产企业应生产替代性较强的两种产品。在其他参数不变的情况下，产品的批发价格、减排率、零售价格和供应链成员的利润均随产品替代系数的增大而增加。因此，对于生产企业来说，生产替代性较强的两种产品，有助于提高产品的批发价格和零售价格，从而提升供应链及其成员的运作绩效。

（2）无论其他因素如何变化，生产企业都会选择引入碳减排技术。生产企业引入碳减排技术后，两种产品的批发价格和零售价格均低于不采用减排技术的情况，而生产企业和零售商的利润均大于不采用减排技术的情况。这是因为：一方面，生产企业引入碳减排技术后缓解了碳配额约束，使企业能够生产更多的产品以满足市场需求，从而降低产品批发价格和零售价格，同时，生产企业还可以将多余的碳配额在市场上出售，以获取更多的收益；另一方面，进行碳减排后产品更符合消费者的低碳需求，进一步扩大需求量，使生产企业获得更多收益。因此，生产企业应顺应绿色低碳转型的大趋势，积极引入碳减排技术，在发展中占得有利先机。

（3）生产企业碳减排也可以促进零售商利润的增加。即零售商在不付出减排成本的前提下，可以享受生产企业的减排行为带来的额外收益。这是因为，生产企业进行碳减排后，一方面，零售商销售单件产品的利润提高；另一方面，产品的市场需求量增大，所以零售商利润提高。

表 7-2　减排前后供应链的最优决策与最优利润对比

决策模式 \ 变量	ω_1	ω_2	λ_1	λ_2	p_1	p_2	π_m	π_r
情形 N（$\eta=-0.6$）	38.75	38.75	—	—	50.63	50.63	1302.50	451.25
情形 Y（$\eta=-0.6$）	38.27	38.27	0.100	0.100	50.40	50.40	1322.20	470.87
情形 N（$\eta=-0.3$）	45.96	45.96	—	—	61.44	61.44	1646.20	623.10
情形 Y（$\eta=-0.3$）	45.45	45.45	0.106	0.106	61.21	61.21	1668.20	645.53
情形 N（$\eta=0$）	57.50	57.50	—	—	78.75	78.75	2206.30	903.13
情形 Y（$\eta=0$）	56.96	56.96	0.113	0.113	78.51	78.51	2231.3	928.65
情形 N（$\eta=0.3$）	78.93	78.93	—	—	110.89	110.89	3260.80	1430.40
情形 Y（$\eta=0.3$）	78.37	78.37	0.121	0.121	110.66	110.66	3289.50	1459.40
情形 N（$\eta=0.6$）	132.50	132.50	—	—	191.25	191.25	5922.50	2761.30
情形 Y（$\eta=0.6$）	131.92	131.92	0.133	0.133	191.04	191.04	5958.00	2796.40

（二）单位产品碳排放量对企业产品减排的影响分析

本节讨论两种产品在单位碳排放量不同的情况下生产企业和零售商的最优决策。在上述参数设定的基础上，固定其他参数不变，取 e_1 为自变量，令 $e_1 \in [0, 10]$，得到供应链各成员最优决策随 e_1 的变化情况，如图 7-2 至图 7-4 所示。我们可以得出：

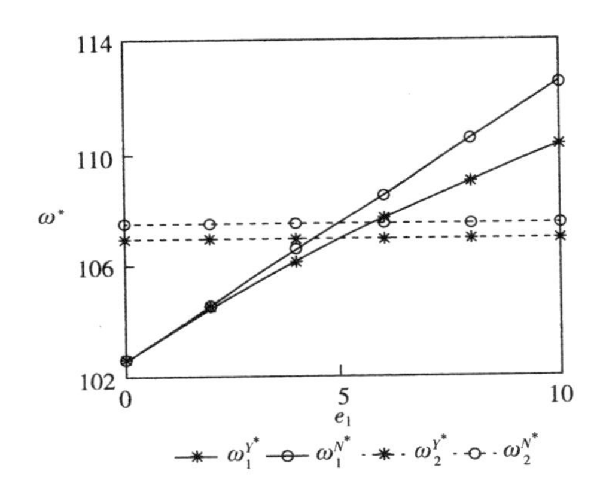

图 7-2　ω 随 e_1 的变化情况

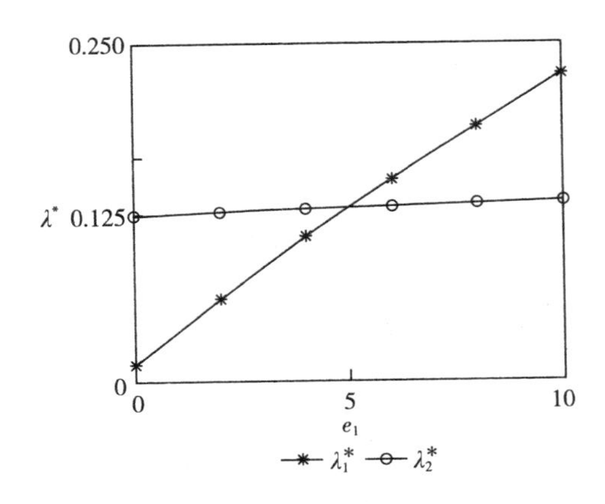

图 7-3　λ 随 e_1 的变化情况

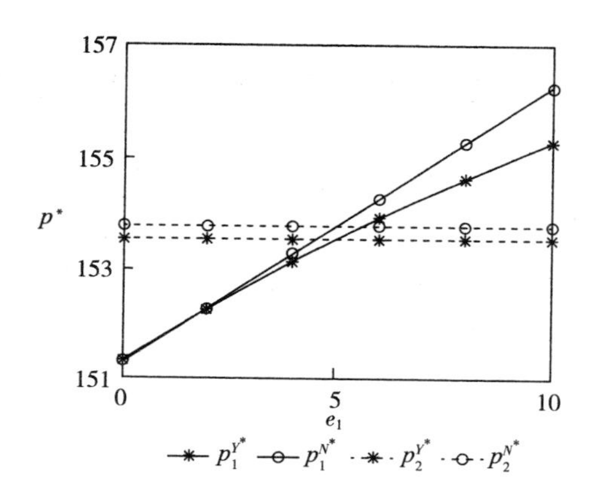

图 7-4　p 随 e_1 的变化情况

（1）单位碳排放量更大的产品，其批发价格、零售价格和减排率也更大。这是因为，单位产品初始碳排放量越高，生产企业对其减排动机越强，提高碳减排水平会使生产企业获得更高的产量，但大量减排成本投入和大幅提高产量也会给产品价格带来较大的负面影响。

（2）产品的批发价格、零售价格和减排率与其自身的单位碳排放量成正比，与另一产品的单位碳排放量无关。这说明生产企业不能通过参考其他产品的单位碳排放量来调整该产品的定价决策和减排决策，只能根据该产品自身的碳排放量来调整该产品的定价决策和减排决策。

（3）无论单位产品碳排放量如何变化，生产企业引入碳减排技术后，两种产品的批发价格和零售价格均低于不采用减排技术的情况。这说明生产企业进行碳减排有助于降低产品的批发价格和零售价格，从而提高消费者剩余。

（三）碳交易价格对企业产品减排的影响分析

本节讨论碳交易价格对供应链各节点企业决策和利润的影响情况。在上述参数设定的基础上，取 p_e 作为自变量，令 $p_e \in [0.2, 2.6]$，得到供应链最优决策和最优利润随 p_e 的变化情况，如图 7-5 至图 7-12 所示。我们可以得出：

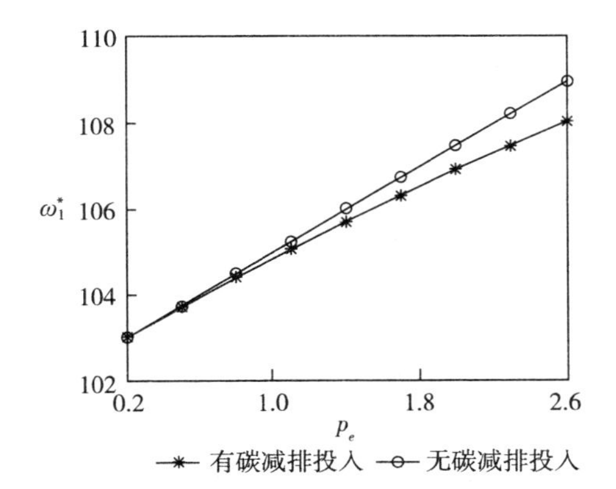

图 7-5　碳交易价格对产品$_1$批发价格的影响

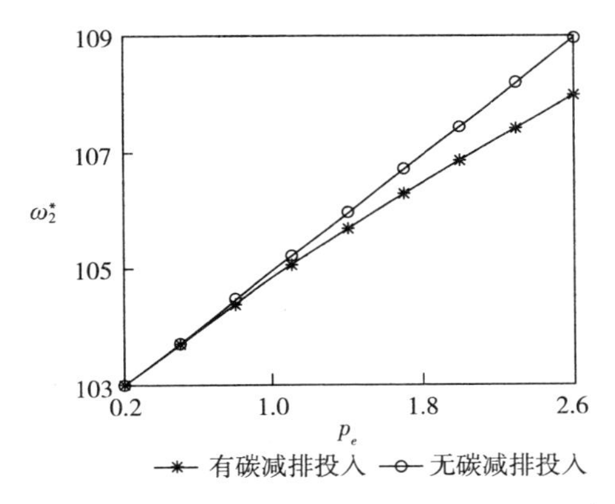

图 7-6　碳交易价格对产品$_2$批发价格的影响

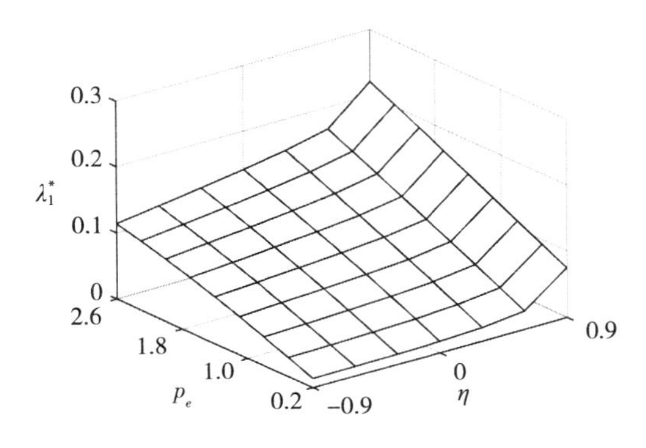

图 7-7　产品竞争系数和碳交易价格对产品$_1$减排率的影响

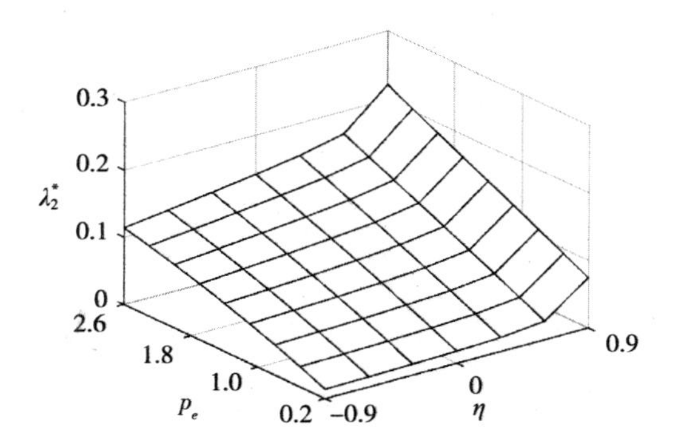

图 7-8　产品竞争系数和碳交易价格对产品$_2$减排率的影响

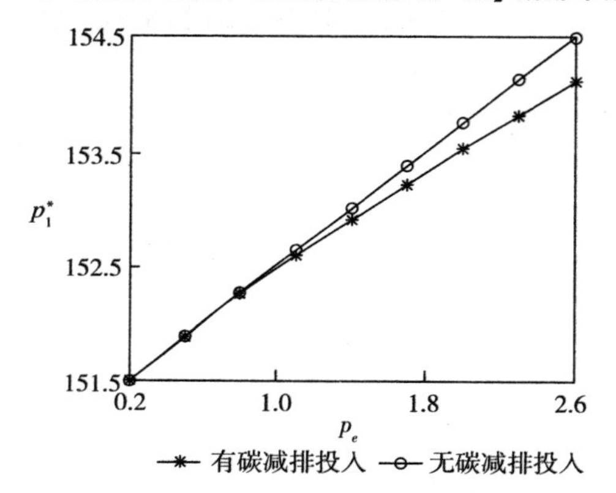

图 7-9　碳交易价格对产品$_1$零售价格的影响

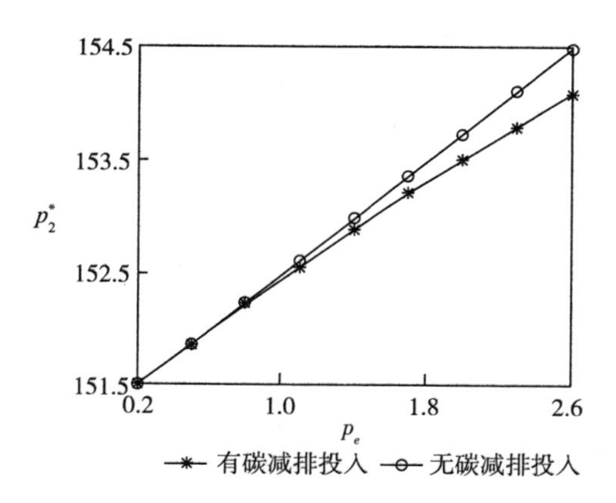

图 7-10　碳交易价格对产品$_2$零售价的影响

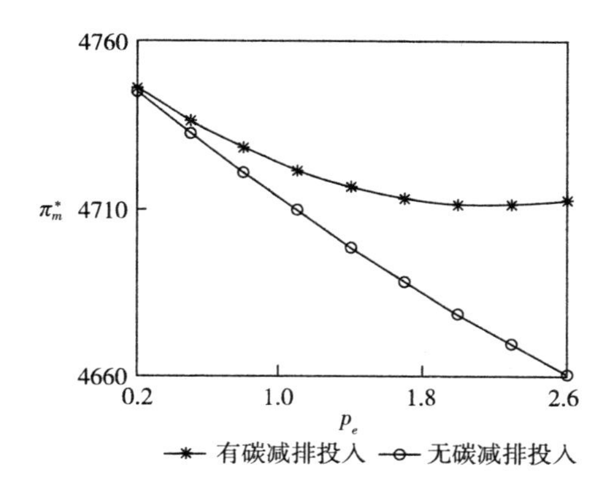

图 7-11　碳交易价格对生产企业利润的影响

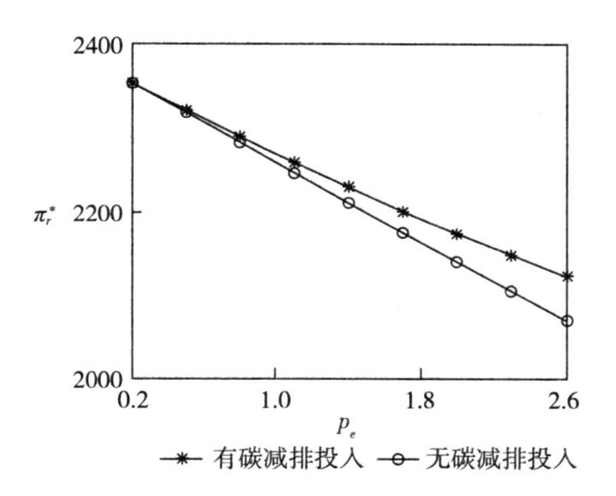

图 7-12　碳交易价格对零售商利润的影响

（1）两种产品的批发价格、减排率和零售价格均与碳交易价格成正比，制造商和零售商利润均与碳交易价格成反比。这是因为碳交易价格的上涨意味着生产企业碳交易成本增加，为了降低生产过程中碳排放量，生产企业会加大减排投入力度。为保证自身利润，生产企业会选择提高产品的批发价格，进而影响零售商提高定价，使生产企业增加的减排成本最终以提高零售价格的方式转移给消费者。而产品零售价格的上升，降低了消费者的购买能力，从而使产品市场需求量下降，最终导致生产企业和零售商利润降低。

（2）无论碳交易价格如何变化，生产企业引入减排技术后，两种产品的批发价格和零售价格均低于不采用减排技术的情况，而生产企业和零售商的利润均大于不采用减排技术的情况。因此，生产企业应引入碳减排技术，以扩大消费者剩余，提高供应链成员利润。

（四）碳配额对企业产品减排的影响分析

由前文分析可知，免费碳排放配额的变化只对生产企业的利润产生正向影响，与零售商利润和各成员其他决策变量无关，因此，本节在上述参数设定的基础上，取 V、p_e 作为自变量，令 $V \in [0,\ 300]$，$p_e \in [0.2,\ 6.2]$，得到生产企业利润随 $(V,\ p_e)$ 的变化情况，如图 7-13 所示。

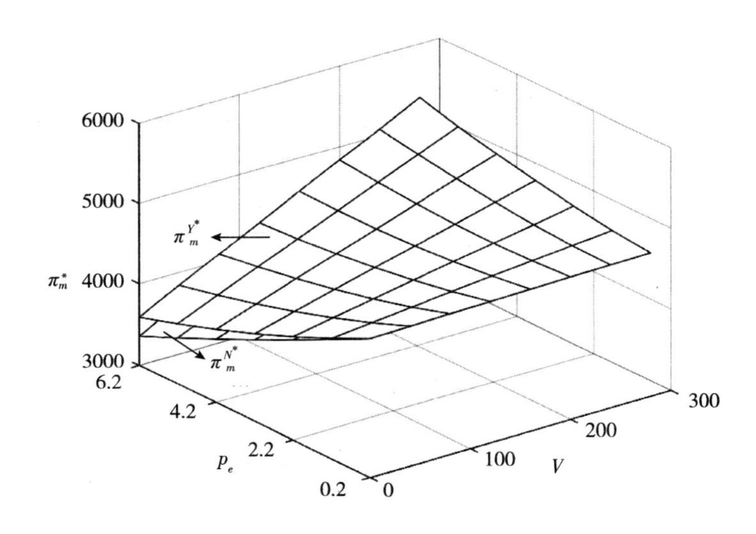

图 7-13　碳交易价格和免费碳排放配额对生产企业利润的影响

由图 7-13 可知，如果政府分配的免费碳配额低于生产企业实际碳排放量，系统总利润随碳交易价格的增加先降低后增加；当免费碳配额高于实际碳排放量时，系统总利润随碳价的增加而增加。

如果免费碳排放配额低于实际的碳排放量，当碳交易价格较低时，企业更倾向于从碳市场购买更多的配额来维持正常生产，此时单位产品的边际成本增加、利润下降。当碳交易价格上升时，如果单位产品的销售收入低于碳交易收入，企业会削减产量以增加利润，此时随着碳价格的上升，整个系统的利润也会增加，虽然削减产量不利于产品市场的扩张，但从生产企业的利润角度来看，这是一个最佳选择。如果免费碳配额高于企业实际碳排放量，企业可以在碳交易市场上出售多余的碳配额以获得更高利润，这时碳交易价格越大，企业的碳交易收入就越高。

（五）消费者低碳偏好对企业产品减排的影响分析

本节讨论消费者低碳偏好对供应链各节点企业决策和利润的影响情况。在上述参数设定的基础上，固定其他参数不变，取 b 为自变量，令 $b\in[0,\ 1]$，得到供应链各成员最优决策和最优利润随消费者低碳偏好 b 的变化情况，如图 7-14 至图 7-18 所示。我们可以得到：

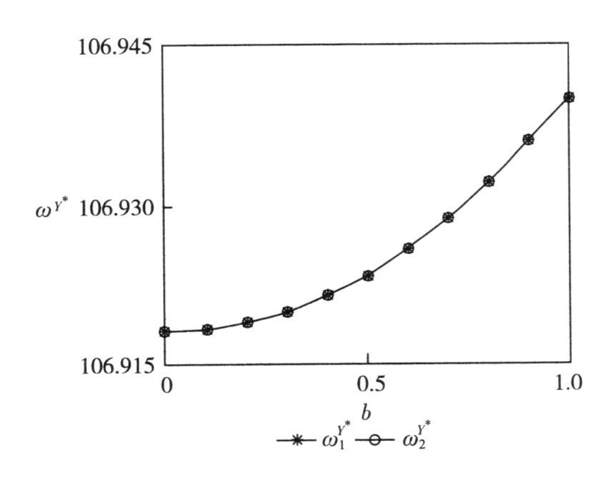

图 7-14　消费者低碳偏好对批发价格的影响

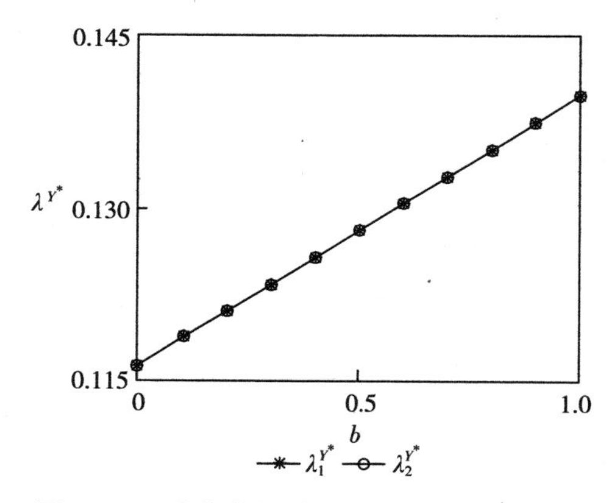

图 7-15　消费者低碳偏好对减排率的影响

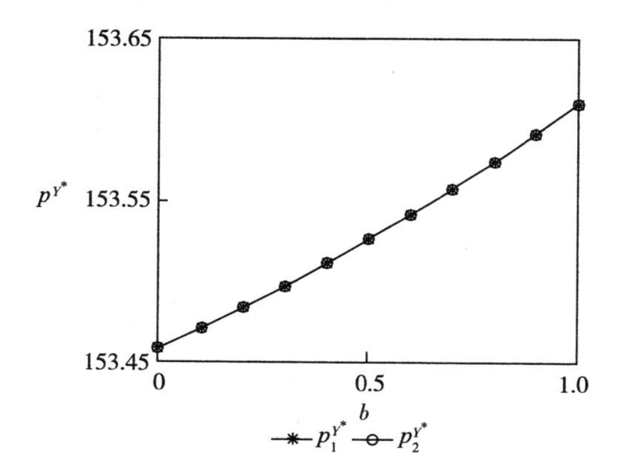

图 7-16　消费者低碳偏好对零售价格的影响

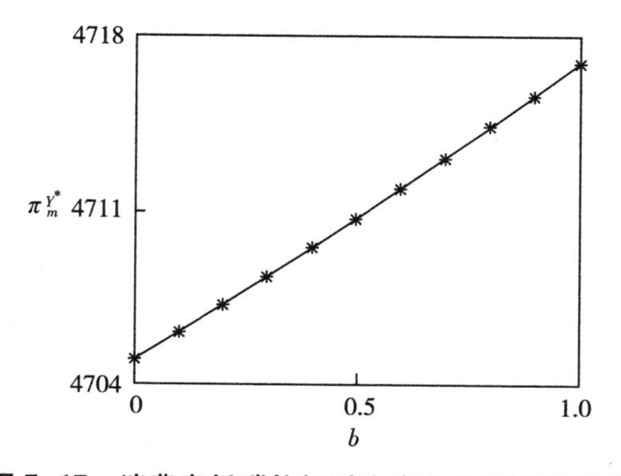

图 7-17　消费者低碳偏好对生产企业利润的影响

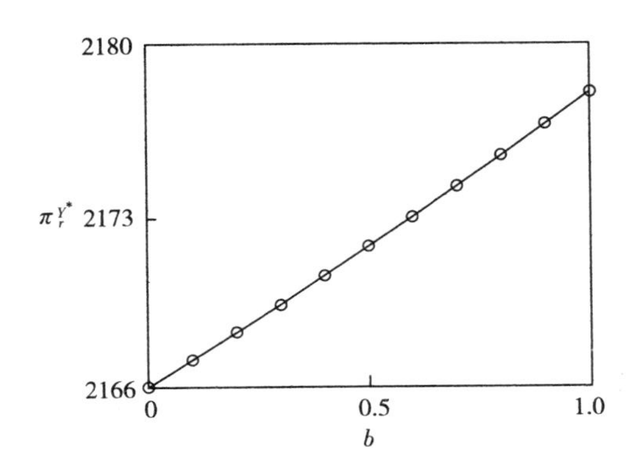

图 7-18　消费者低碳偏好对零售商利润的影响

当生产企业引入碳减排技术时，两种产品的销售价格、零售价格、减排率和各成员利润均与消费者的低碳偏好呈正相关关系。这是因为消费者对低碳产品偏好越大，就越愿意为低碳产品支付更高的价格，进而刺激了更大的市场需求。另外，消费者低碳偏好越高，对生产企业减排的激励程度就越高，促使企业加大减排力度进行生产，进而在有限的碳配额内扩大生产，提高利润。因此，政府和生产企业通过加强对低碳产品的宣传来提高消费者的低碳偏好，有助于提升产品的定价和生产企业的碳减排水平，进而提升供应链的经济效益和环境效益。

四、　本章小结

本章在碳交易背景和生产企业生产两种产品，且两种产品的碳排放量不同的情形下，研究生产企业的减排决策问题。首先构建由生产企业、零售商和消费者构成的供应链，以及生产企业、碳交易市场和政府构成的交易系统；其次采用逆向归纳法求解得出两种产品的批发价格、减排率、零售价格和供应链各成员利润的均衡解；最后通过数值模拟分析了免费初始碳配额、碳交易价格、市场规模和生产成本对供应链各成员的最优定价和最优利润的影响并得出以下结论。生产企业引入减排技术后，两种产品的批发价格和零售价格均低于不采用减排技术的情况，而生产企业和零售商的利润均大于不采用减排技术的情况，所以生产企业应选择引入碳减排技术。单位碳排放量更大的产品，其批发价格、零售价格和减排率也更大。两种产品的批发价格、减排率和零售价格均与碳交易价格、消费者低碳偏好及产品自身初始碳排放量成正比，而生产企业和零售商利润与碳交易价格和消费者低碳偏好成反比。如果政府分配的免费碳配额低于生产企业实际碳排放量，系统总利润随碳交易价格的增加先降低后增加；当免费碳配额高于实际碳排放量时，系统总利润随碳价的增加而增加。产品的批发价格、减排率、零售价格和供应链成员的利润均随产品替代系数的增大而增加。因此，对于生产企业来说，生产替代性较强的两种产品，有助于提高产品的批发价格和零售价格，从而提升供应链及其成员的运作绩效。

第八章

碳交易下的生产企业定价决策

一、 问题描述与基本假设

（一）问题描述

本章针对由一家生产企业和一个零售商组成的二级供应链，生产企业生产两种不同的产品，以不同的批发价格销售给零售商，零售商再以不同的销售价格售卖给消费者，如图 8-1 所示。其中产品的需求量 $q_i = a_i - p_i + \eta p_{3-i}$，$\eta \in [-1, 1]$，若 $0<\eta \leqslant 1$（$-1 \leqslant \eta<0$），表明这两种产品是替代（互补）关系，$\lambda = 0$ 意味着两种产品的需求是独立的。两种产品碳排放量不同，生产企业的生产受到政府分配碳配额的约束，需要进行碳减排以减少碳排放，同时生产企业也可以在碳交易市场中出售（购买）多余（不足）的碳配额。

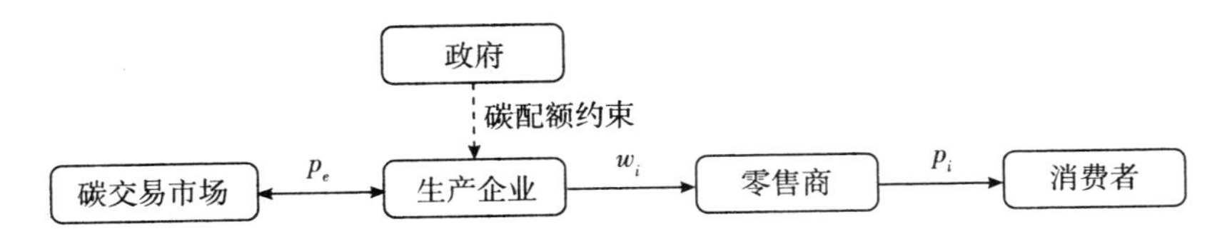

图 8-1　供应链定价决策结构流程

表 8-1 是本章的主要符号与说明。

表 8-1　生产企业定价决策的主要符号和说明

符号	说明
i	产品代码，$i=1$，2
V	政府免费分配的碳排放配额
E	生产企业实际碳排放总量
e_i	生产企业不采用碳减排技术时，单位产品 i 的碳排放量
ω_i	单位产品的批发价格
p_i	单位产品 i 的零售价格
c_i	单位产品 i 的生产成本
a_i	产品 i 的潜在市场需求量
η	产品替代系数
q_i	产品 i 的市场需求量
p_e	单位碳权价格
π_m	生产企业的利润
π_r	零售商的利润

（二）基本假设

为了更详细清楚地解释模型，本节将用到表 8-1 的符号和变量，并且提出如下相关假设。

假设 8-1：产品的市场需求量由潜在市场需求 a_i、产品价格 p_i 和产品间的相关性 η 来决定，用线性函数表示如下：

$$q_i=a_i-p_i+\eta p_{3-i}$$

其中，η 表示产品替代系数($|\eta|<1$)，若 $0<\eta<1$($-1<\eta<0$)，表明这两种产品是替代(互补)关系，$\eta=0$ 意味着两种产品的需求是独立的，$i=1$，2。

假设 8-2：在供应链中，两种产品的市场势力均等，因此，生产企业对产品的批发价格及零售商对产品的零售价格都为同时决策。

假设 8-3：生产企业和零售商存在 Stackelberg 博弈，生产企业是领导者，零售商是追随者。

假设 8-4：供应链上各成员信息完全共享，且均为风险中性的理性经济人，都以自身利益最大化为原则进行决策。

二、模型构建与求解分析

1. 生产企业利润函数

生产企业的收入包括两种产品的批发销售收入和碳交易收入，成本只包括两种产品的生产成本。生产企业的利润函数表示如下：

$$\pi_m=(\omega_1-c_1)q_1+(\omega_2-c_2)q_2-(E-V)p_e \tag{8-1}$$

其中，$E=e_1q_1+e_2q_2$ 表示生产企业的碳排放总量。若 $E-V>0$，则企业实际碳排放总量大于政府免费分配的碳配额，此时企业需要支付一定费用购买碳配额；若 $E-V<0$，则企业实际碳排放总量小于政府免费分配的碳配额，此时企业可出售多余的碳配额以获取更多利润。

2. 零售商利润函数

零售商的收入包括两种产品的销售收入，成本包括两种产品的批发成本。零售商的利润函数表示如下：

$$\pi_r=(p_1-\omega_1)q_1+(p_2-\omega_2)q_2 \tag{8-2}$$

定理 8-1：在生产企业和零售商组成的二级供应链系统中，生产企业最优批发价格分别为 $\omega_1^*=\dfrac{a_1+\eta a_2+(1-\eta^2)(c_1+e_1p_e)}{2(1-\eta^2)}$，$\omega_2^*=\dfrac{a_2+\eta a_1+(1-\eta^2)(c_2+e_2p_e)}{2(1-\eta^2)}$，零售商最优零售价格为 $p_1^*=\dfrac{3(a_1+\eta a_2)+(1-\eta^2)(c_1+e_1p_e)}{4(1-\eta^2)}$，$p_2^*=$

$\frac{3(a_2+\eta a_1)+(1-\eta^2)(c_2+e_2p_e)}{4(1-\eta^2)}$。此时，生产企业和零售商可实现最大利润。

证明： 根据逆向归纳法进行证明。在第二阶段，由零售商决定两种产品的零售价格 p_1、p_2。先将 $q_i=a_i-p_i-\eta p_{3-i}$ 代入式（8-2）得：

$$\pi_r=(p_1-\omega_1)(a_1-p_1+\eta p_2)+(p_2-\omega_2)(a_2-p_2+\eta p_1) \tag{8-3}$$

将式（8-2）分别对两种产品的零售价格 p_1、p_2 求偏导，可得零售商利润函数的 Hessian 矩阵：

$$H_r=\begin{pmatrix} \frac{\partial^2\pi_r}{\partial p_1^2} & \frac{\partial^2\pi_r}{\partial p_1\partial p_2} \\ \frac{\partial^2\pi_r}{\partial p_2\partial p_1} & \frac{\partial^2\pi_r}{\partial p_2^2} \end{pmatrix}=\begin{pmatrix} -2 & 2\eta \\ 2\eta & -2 \end{pmatrix}=4(1-\eta^2) \tag{8-4}$$

由产品替代系数 $|\eta|<1$ 可知，$|H_r|>0$，$\frac{\partial^2\pi_r}{\partial p_1^2}=-2<0$，易证，零售商利润函数 π_r 的 Hessian 矩阵负定，从而确定 π_r 是关于 p_1 和 p_2 的严格凹函数，故存在唯一最优解使零售商获得最大利润。联立 $\frac{\partial\pi_r}{\partial p_1}=0$、$\frac{\partial\pi_r}{\partial p_2}=0$，得到零售商对生产企业决策的最优反应函数如下：

$$p_1=\frac{a_1+\eta a_2+(1-\eta^2)\omega_1}{2(1-\eta^2)} \tag{8-5}$$

$$p_2=\frac{a_2+\eta a_1+(1-\eta^2)\omega_2}{2(1-\eta^2)} \tag{8-6}$$

第一阶段，由生产企业决定两种产品的批发价格。将 p_1 和 p_2 代入式（8-1）得到生产企业的利润函数：

$$\pi_m=\frac{(\omega_1-c_1-e_1p_e)(a_1-\omega_1+\eta\omega_2)+(\omega_2-c_2-e_2p_e)(a_2-\omega_2+\eta\omega_1)}{2}+Vp_e \tag{8-7}$$

分别计算生产企业的利润函数 π_m 关于两种产品批发价格 ω_1 和 ω_2 的一阶偏导数，并令其等于 0，得到生产企业的最优批发价定价策略：

$$\omega_1^* = \frac{a_1+\eta a_2+(1-\eta^2)(c_1+e_1p_e)}{2(1-\eta^2)} \tag{8-8}$$

$$\omega_2^* = \frac{a_2+\eta a_1+(1-\eta^2)(c_2+e_2p_e)}{2(1-\eta^2)} \tag{8-9}$$

将 ω_1^* 和 ω_2^* 代入 p_1 和 p_2 得到零售商的最优定价策略：

$$p_1^* = \frac{3(a_1+\eta a_2)+(1-\eta^2)(c_1+e_1p_e)}{4(1-\eta^2)} \tag{8-10}$$

$$p_2^* = \frac{3(a_2+\eta a_1)+(1-\eta^2)(c_2+e_2p_e)}{4(1-\eta^2)} \tag{8-11}$$

进而可得在各成员的最优决策下，两种产品的市场需求量：

$$q_1^* = \frac{a_1-c_1-e_1p_e+\eta(c_2+e_2p_e)}{4} \tag{8-12}$$

$$q_2^* = \frac{a_2-c_2-e_2p_e+\eta(c_1+e_1p_e)}{4} \tag{8-13}$$

将上述最优决策代入式（8-1）和式（8-2），即可得生产企业和零售商可实现的最大利润：

$$\pi_m^* = Vp_e+\frac{1}{8(1-\eta^2)}((a_1+\eta a_2-(1-\eta^2)(c_1+e_1p_e))(a_1-c_1-e_1p_e+\eta(c_2+e_2p_e))+(a_2+\eta a_1-(1-\eta^2)(c_2+e_2p_e))(a_2-c_2-e_2p_e+\eta(c_1+e_1p_e))) \tag{8-14}$$

$$\pi_r^* = \frac{1}{16(1-\eta^2)}((a_1+\eta a_2-(1-\eta^2)(c_1+e_1p_e))(a_1-c_1-e_1p_e+\eta(c_2+e_2p_e))+(a_2+\eta a_1-(1-\eta^2)(c_2+e_2p_e))(a_2-c_2-e_2p_e+\eta(c_1+e_1p_e))) \tag{8-15}$$

证毕。

命题 8-1：在由生产企业主导的二级供应链系统中，生产企业的利润随政府免费分配碳配额的增加而增加，而零售商利润和供应链成员的定价决策均与免费碳排放配额大小无关。

证明：分别对两种产品的最优批发价格、零售价格、市场需求量、各节点企业利润求关于免费碳排放配额 V 的一阶偏导数，可以得到：

$$\frac{\partial \omega_1^*}{\partial V}=\frac{\partial \omega_2^*}{\partial V}=\frac{\partial p_1^*}{\partial V}=\frac{\partial p_2^*}{\partial V}=\frac{\partial q_1^*}{\partial V}=\frac{\partial q_2^*}{\partial V}=\frac{\partial \pi_r^*}{\partial V}=0$$

$$\frac{\partial \pi_m^*}{\partial V}=p_e>0$$

证毕。

由命题 8-1 可知，在生产企业和零售商组成的二级供应链系统中，免费碳排放配额的变化只对生产企业的利润产生正向影响，与零售商利润和各成员其他决策变量无关。这是因为随着政府免费分配碳配额的增多，生产企业需要额外购买的碳配额减少，碳交易成本降低，另外，生产企业还可以通过出售多余的碳配额来提高收益。这也意味着政府改变企业的免费碳配额只会对生产企业的总收入产生影响，而要想对产品价格等变量进行调节，只能通过调整碳价等其他因素来实现。

三、 定价决策的影响因素与分析

本节通过算例分析更直观地展示碳交易机制和其他参数变量对供应链各节点企业定价决策的影响，进而对企业决策活动和政府调控提供一定的管理启示。根据研究假设和前人研究设定，将基本参数设定如下：$a_1=a_2=100$、$c_1=c_2=5$、$e_1=2$、$e_2=5$、$V=50$、$p_e=1.5$。运用 Matlab 软件仿真结果如下。

（一）碳交易价格对企业产品定价的影响分析

本节讨论碳交易价格对供应链各节点企业决策和利润的影响情况。在上述参数设定的基础上，取 η、p_e 作为自变量，令 $\eta\in(-1, 1)$，$p_e\in[0.2, 2.6]$，得到供应链各成员最优决策和最优利润随(η，p_e)的变化情况，如图 8-2 至图 8-9 所示。我们可以得出：

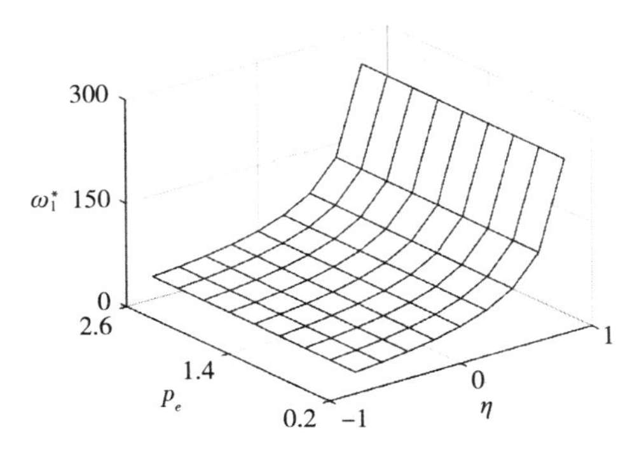

图 8-2　产品竞争系数和碳交易价格对产品$_1$批发价格的影响

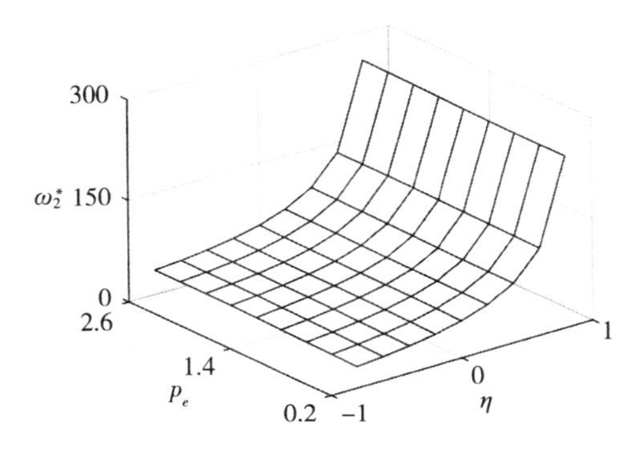

图 8-3　产品竞争系数和碳交易价格对产品$_2$批发价格的影响

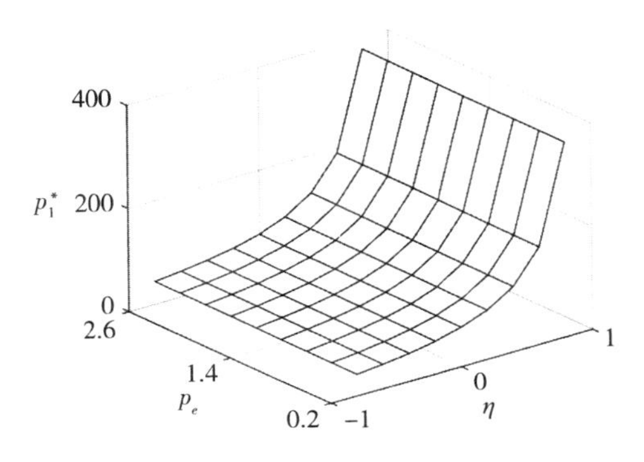

图 8-4　产品竞争系数和碳交易价格对产品$_1$零售价格的影响

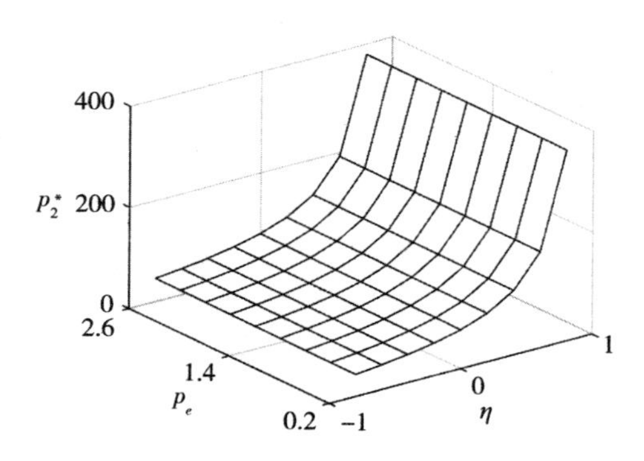

图 8-5　产品竞争系数和碳交易价格对产品$_2$零售价格的影响

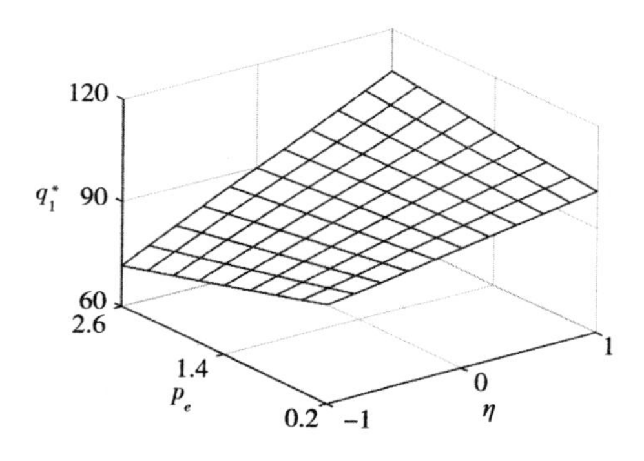

图 8-6　产品竞争系数和碳交易价格对产品$_1$产量的影响

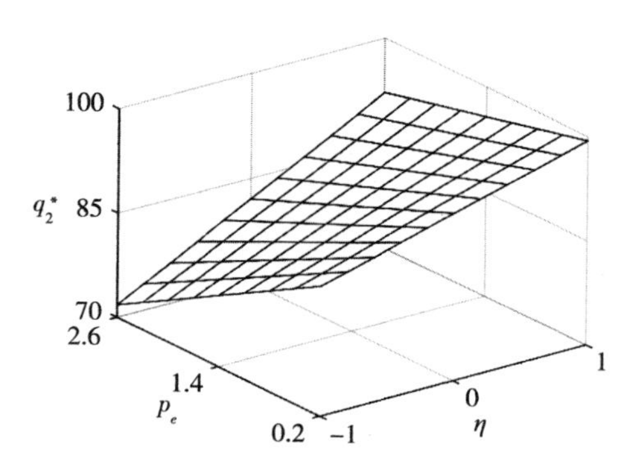

图 8-7　产品竞争系数和碳交易价格对产品$_2$产量的影响

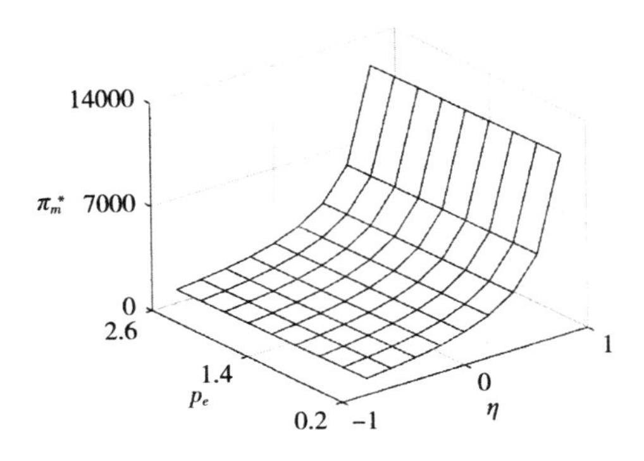

图 8-8　产品竞争系数和碳交易价格对生产企业利润的影响

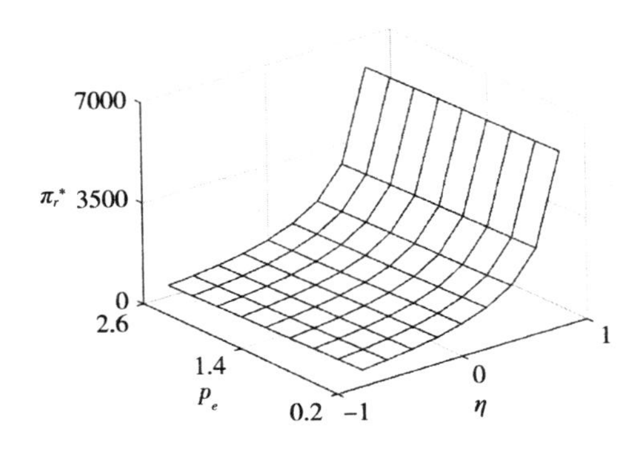

图 8-9　产品竞争系数和碳交易价格对零售商利润的影响

（1）无论产品竞争系数如何变化，两种产品的批发价格和零售价格均与碳交易价格呈正相关，生产企业和零售商利润均与碳交易价格呈负相关。这是因为碳交易价格的上涨意味着生产企业碳交易成本增加，为了保证产品的收益，生产企业会选择提高产品的批发价格，进而影响零售商的定价，使生产企业增加的碳排放成本最终以提高零售价格的方式转移给消费者。对消费者来说，较高的零售价格增加了生活成本，这使消费者购买力降低，从而降低了产品的市场需求，最终导致生产企业和零售商利润降低。因此，从企业的角度来分析，生产企业和零售商应随碳交易价格的增加而提高批发价格和零售价格，以保证自身利润获取，维持企业的正常运作；从政府的角度来分析，应根据市场情况将碳交易价格控制在合理的范围之内，以实现更高的社会效益。

（2）无论碳交易价格如何变化，需求交叉价格影响系数越大，两种产品的批发价格和零售价格就越高、生产企业和零售商利润就越大。也就是说，在生产企业生产的两种产品互为替代品的情况下，两种产品的批发价格、零售价格及供应链各成员的利润均高于生产企业生产两种互补品的情况。且两种产品的替代性越强或互补程度越弱，产品的批发价格和零售价格越高，生产企业和零售商利润就越高。因此，对于生产企业来说，生产替代性较强的两种产品，有助于提高产品批发价格、零售价格及市场需求量，从而有助于提升供应链及其成员的运作绩效。

（二）市场规模对企业产品定价的影响分析

在本小节中，我们将讨论初始市场规模对供应链各节点企业决策和利润的影响情况。在上述参数设定的基础上，取 η、a_1 作为自变量，令 $\eta \in (-1, 1)$，$a_1 \in [75, 125]$，得到供应链各成员最优决策和最优利润随(η, a_1)的变化情况，如图 8-10 至图 8-17 所示。我们可以得出：

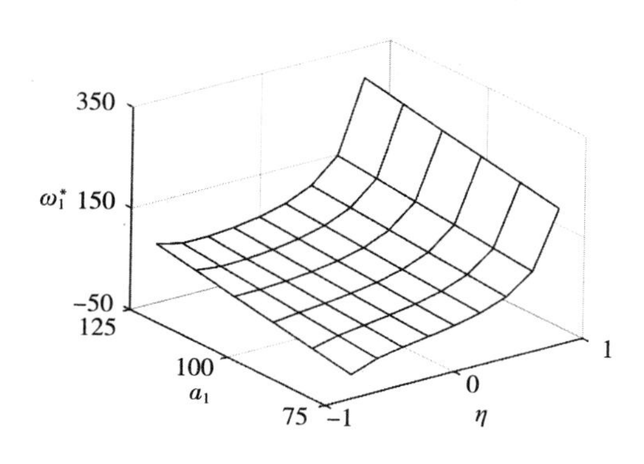

图 8-10　产品竞争系数和初始市场规模对产品$_1$批发价格的影响

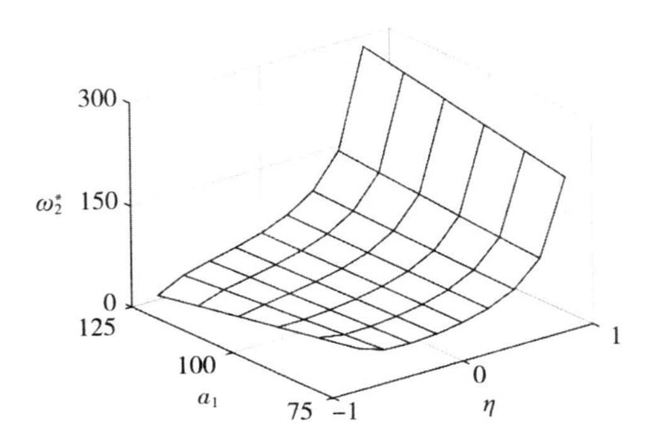

图 8-11　产品竞争系数和初始市场规模对产品$_2$批发价格的影响

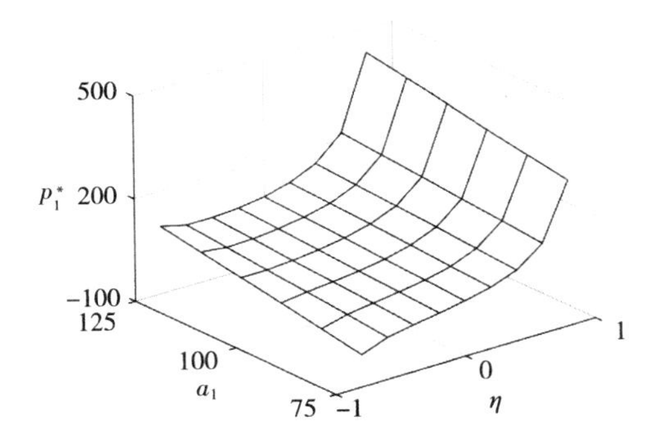

图 8-12　产品竞争系数和初始市场规模对产品$_1$零售价格的影响

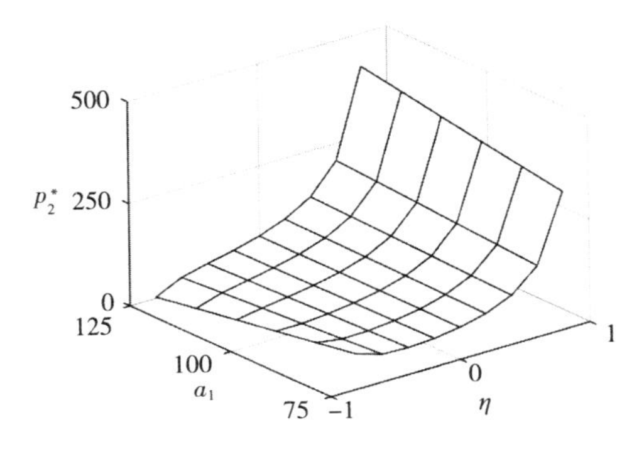

图 8-13　产品竞争系数和初始市场规模对产品$_2$零售价格的影响

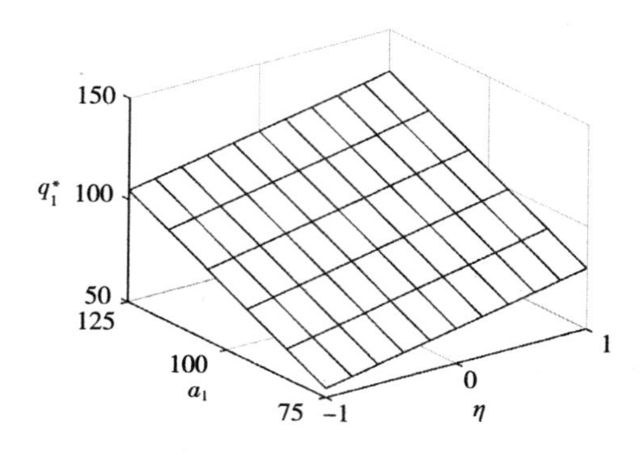

图 8-14　产品竞争系数和初始市场规模对产品$_1$ 产量的影响

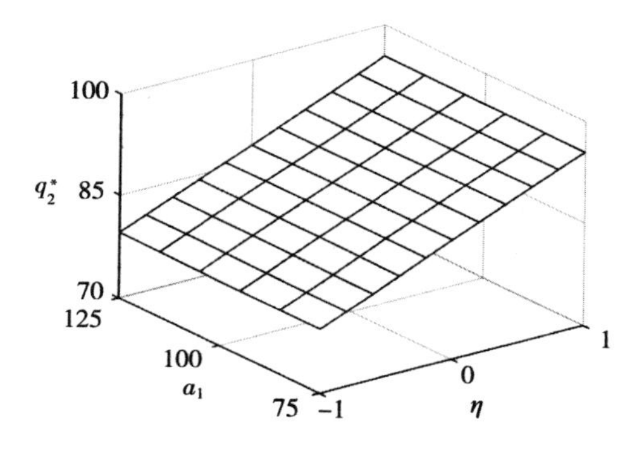

图 8-15　产品竞争系数和初始市场规模对产品$_2$ 产量的影响

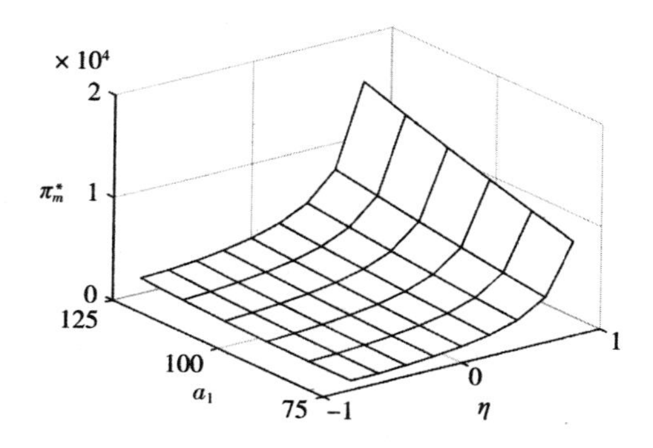

图 8-16　产品竞争系数和初始市场规模对生产企业利润的影响

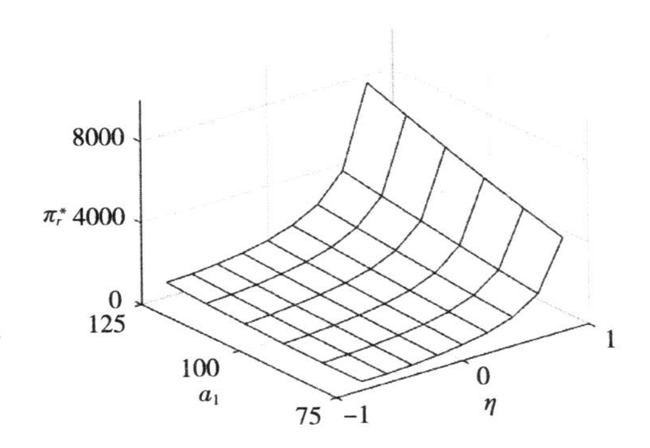

图 8-17　产品竞争系数和初始市场规模对零售商利润的影响

（1）产品的批发价格和零售价格与其自身及其替代品初始市场规模呈正相关，与其互补品的初始市场规模呈负相关。无论产品替代系数如何变化，生产企业利润和零售商利润均与产品初始市场规模呈正相关。因此，对于生产企业来说，应适当开展宣传营销活动，以增加产品销量和市场份额。另外，当市场份额较高时，企业应提高该产品及其替代品的销售价格，降低其互补品的销售价格，以实现利润最大化。

（2）无论市场规模如何变化，需求交叉价格影响系数越大，生产企业和零售商利润就越大。也就是说生产企业生产的两种产品互为替代品时，生产企业和零售商所获得的利润高于生产企业生产两种互补品时获得的利润，且两种产品的替代性越强或互补程度越弱，生产企业和零售商利润就越高。因此，从获利角度来看，生产企业应生产替代性较强的两种产品。

（三）生产成本对企业产品定价的影响分析

本节讨论生产成本对供应链各节点企业决策和利润的影响情况。在上述参数设定的基础上，取 η、c_1 作为自变量，令 $\eta \in (-1, 1)$，$c_1 \in [2, 8]$，得到供应链各成员最优决策和最优利润随(η，a_1)的变化情况，如图 8-18 至图 8-25 所示。我们可以得出：

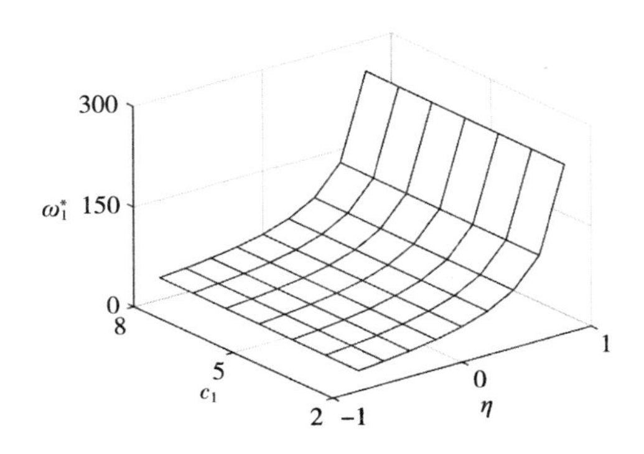

图 8-18　产品竞争系数和生产成本对产品$_1$ 批发价格的影响

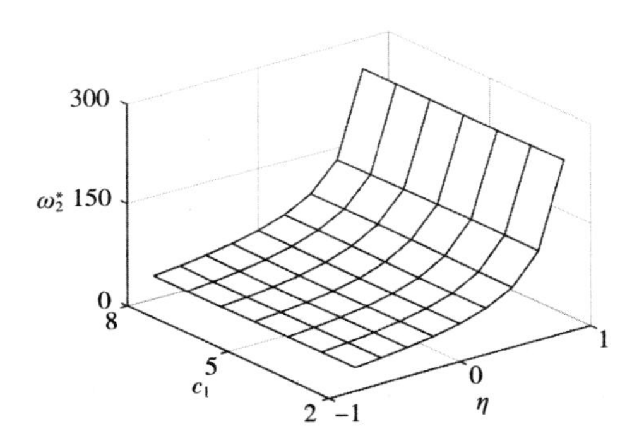

图 8-19　产品竞争系数和生产成本对产品$_2$ 批发价格的影响

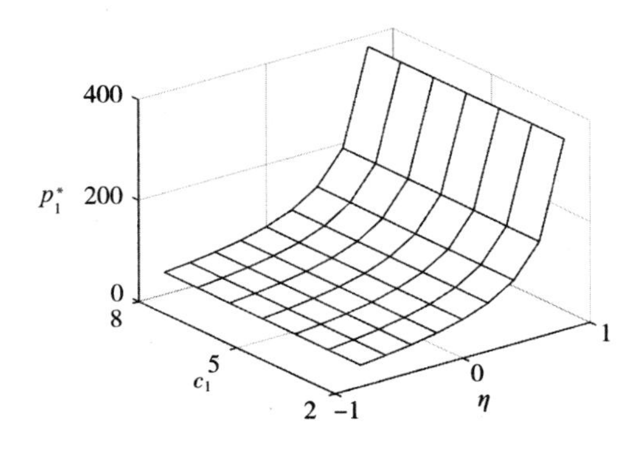

图 8-20　产品竞争系数和生产成本对产品$_1$ 零售价格的影响

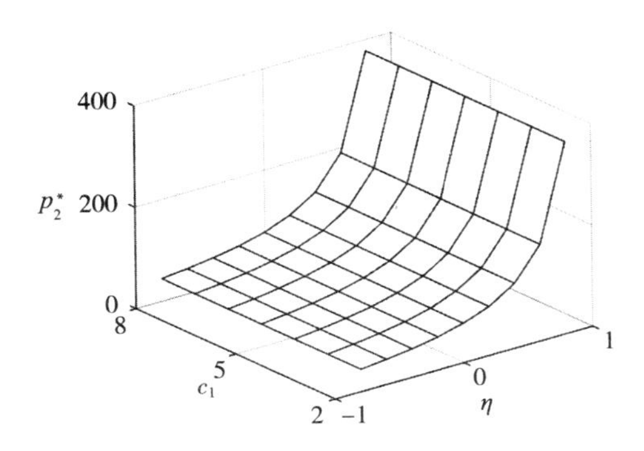

图 8-21　产品竞争系数和生产成本对产品$_2$零售价格的影响

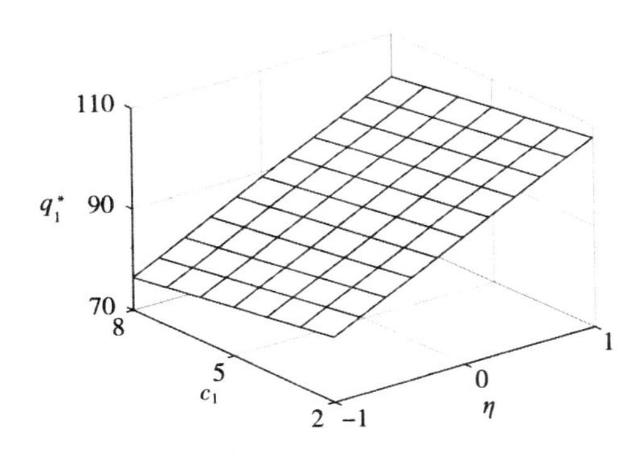

图 8-22　产品竞争系数和生产成本对产品$_1$产量的影响

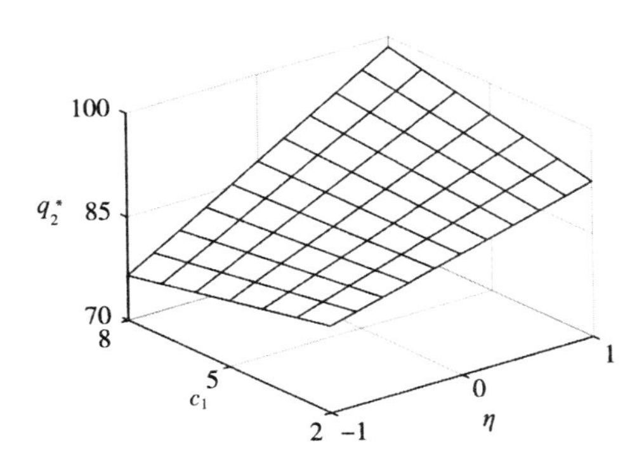

图 8-23　产品竞争系数和生产成本对产品$_2$产量的影响

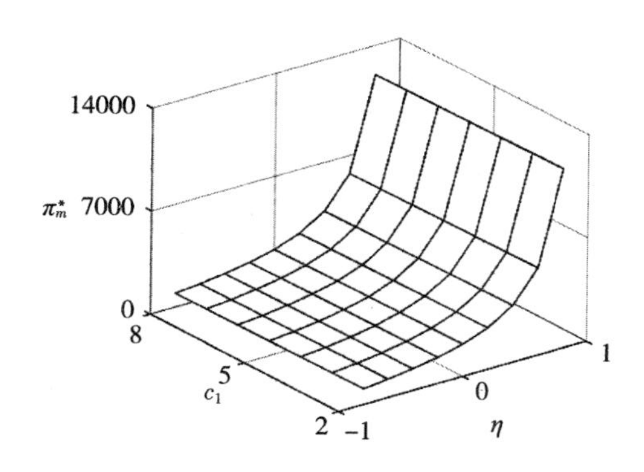

图 8-24　产品竞争系数和生产成本对生产企业利润的影响

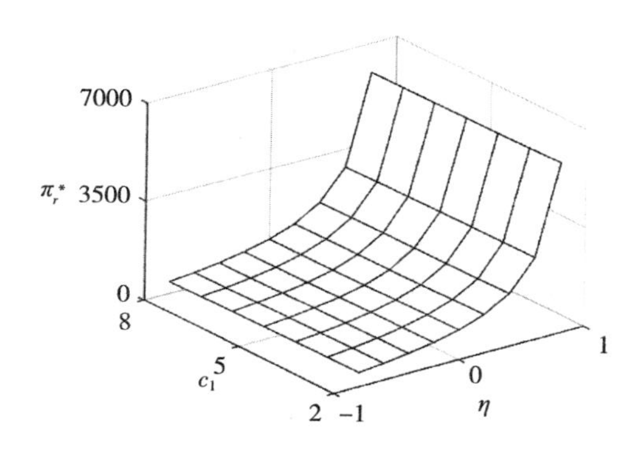

图 8-25　产品竞争系数和生产成本对零售商利润的影响

（1）产品的批发价格和零售价格与其自身生产成本呈正相关，与其他产品的生产成本无关，生产企业和零售商利润与产品生产成本呈负相关。这是因为如果产品的生产成本增加，生产企业会以更高的批发价格将其转移给消费者，产品销售价格的提高影响消费者的购买力，进而导致市场需求量下降，最终使生产企业和零售商利润降低。因此，对于生产企业来说，应进行设备改进和科技更新，促进企业生产效率的提高，以降低企业生产成本，扩大企业利润空间。

（2）无论生产成本如何变化，需求交叉价格影响系数越大，两种产品的批发价格和零售价格就越高、生产企业和零售商利润就越大。也就是说生产企业生产的两种产品互为替代品的情况下，两种产品的批发价格、零售价格及供应链各成员的利润均高于生产企业生产两种互补品的情况。且两种产品的替代性越强或互补程度越弱，产品的批发价格和零售价格就越高，生产企业和零售商利润就越高。因此，对于生产企业来说，生产替代性较强的两种产品，有助于提高产品批发价格、零售价格及市场需求量，从而有助于提升供应链及其成员的运作绩效。

四、　本章小结

本章在碳交易背景和生产企业生产两种产品的情形下，研究在供应链中两种产品的差异化定价决策问题。首先构建由生产企业、零售商和消费者构成的供应链，以及生产企业、碳交易市场和政府构成的交易系统；其次采用逆向归纳法求解得出两种产品的批发价格、零售价格和供应链各成员利润的均衡解；最后通过数值模拟分析了免费初始碳配额、碳交易价格、市场规模和生产成本对供应链各成员的最优定价和最优利润的影响并得出以下结论。免费初始碳配额对生产企业的利润产生正向影响，对零售商利润没有直接影响，因此政府改变企业的免费碳配额额度只能影响生产企业的总体收入，无法调控产品价格，只有通过调整碳交易价格等其他因素来实现。两种产品的批发价格和零售价格均与碳交易价格呈正相关，生产企业和零售商利润均与碳交易价格呈负相关，因此对于生产企业和零售商来说，应随碳交易价格的增加而提高批发价格和零售价格，维持供应链系统的正常运作。产品的批发价格和零售价格与其自身及其替代品初始市场规模呈正相关，与其互补品的初始市场规模呈负相关。生产企业利润和零售商利润均与产品初始市场规模呈正相关，当市场份额较高时，企业应提高该产品及其替代品的销售价格，降低其互补品的销售价格。产品的批发价格和零售价格与其自身生产成本呈正相关，与其互补品和替代品的生产成本无关，生产企业和零售商利润与产品生产成本呈负相关。两种产品的需求交叉价格影响系数越大，生产企业和零售商利润就越大，也就是说，生产企业生产的两种产品互为替代品时，生产企业和零售商所获得的利润高于生产企业生产两种互补品时获得的利润，且两种产品的替代性越强或互补程度越弱，生产企业和零售商利润就越高。

第九章

碳交易下的生产企业产量决策

一、 问题描述与基本假设

（一）问题描述

考虑到政府服务于社会大众的职能，不同于以往文献中以政府利润最大化为目标函数进行博弈分析，而是以社会福利函数表征了政府目标函数，因此本章的生产决策可以看作是政府领导的斯坦伯格博弈，生产企业生产两种产品，并通过直销渠道进行产品的销售，如图 9-1 所示。两种产品生产成本不同，利润不同，碳排放量不同。生产企业受到政府的碳配额约束，并且可以通过外部市场来购买或出售配额。在碳交易机制下，生产企业首先确定每种产品的产量来达到利润最大化，其次政府确定最优的碳配额来达到社会福利最大化。

本章选用的主要符号和说明如表 9-1 所示。

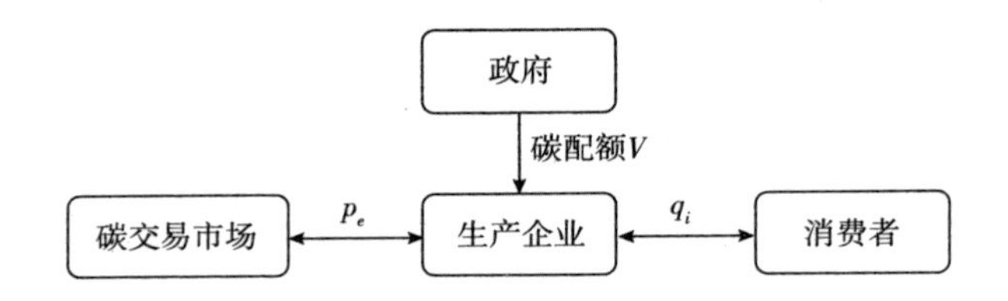

图 9-1　供应链产量决策结构流程

表 9-1　生产企业产量决策的主要符号和说明

符号	说明
i	产品代码，$i=1$，2
V	政府免费分配的碳排放配额
E	生产企业实际碳排放总量
e_i	生产企业不采用碳减排技术时，单位产品 i 的碳排放量
p_i	单位产品 i 的零售价格
η	产品替代系数，$\lvert\eta\rvert<1$
c_i	单位产品 i 的生产成本
q_i	产品 i 的市场需求量
p_e	单位碳权价格
π_m	生产企业的利润
SW	政府的社会福利
K	环境损害系数

（二）基本假设

为了更详细清楚地解释模型，本节将用到表 9-1 的符号和变量，并且提出如下相关假设。

假设 9-1：生产企业基于市场情况，进行产量 q_i 决策，以实现利润最大化。反需求函数可设定如下：

$$p_i=a_i-q_i+\eta p_{3-i}$$

其中，η 表示产品替代系数（$\lvert\eta\rvert<1$），若 $0<\eta<1$（$-1<\eta<0$），表明这两种产品是替代（互补）关系，$\eta=0$ 意味着两种产品的需求是独立的，$i=1$，2。

假设 9-2：社会福利由生产企业利润、消费者剩余和环境损失组成。消费者剩余为$\frac{(q_1^{*2}+q_2^{*2})}{2}$，生产企业的生产活动带来的环境损失为 KV^2，K 为环境损失系数。因此社会福利函数可设定如下：

$$SW=\frac{\pi_m+(q_1^{*2}+q_2^{*2})}{2-KV^2}$$

二、 模型构建与求解分析

1. 生产企业利润函数

生产企业的收入包括两种产品的销售收入和碳交易收入，成本包括两种产品的生产成本。生产企业的利润函数表示如下：

$$\pi_m=(p_1-c_1)q_1+(p_2-c_2)q_2-(E-V)p_e \tag{9-1}$$

其中，$E=e_1q_1+e_2q_2$ 表示生产企业的碳排放总量。若 $E-V>0$，则企业实际碳排放总量大于政府免费分配的碳配额，此时企业需要支付一定费用购买碳配额；若 $E-V<0$，则企业实际碳排放总量小于政府免费分配的碳配额，此时企业可出售多余的碳配额以获取更多利润。

2. 社会福利函数

政府社会福利为生产企业利润、消费者剩余，再减去生产企业碳排放对环境造成的损害。简写如下：

$$SW=\frac{\pi_m+(q_1^{*2}+q_2^{*2})}{2-KV^2} \tag{9-2}$$

其中，K 表示环境损失系数，用以度量生产企业单位碳排放对社会造成的负外部性。K 越大表示社会对于碳排放所减少的社会福利越重视，也越有兴趣去降低碳排放水平，它也反映出一个国家的政府对减排工作的重视程度。

定理 9-1：在生产企业和政府组成的二级供应链系统中，生产企业最优产量分别为 $q_1^* = \frac{a_1+\eta p_2-c_1-e_1p_e}{2}$，$q_2^* = \frac{a_2+\eta p_1-c_2-e_2p_e}{2}$，政府最优免费碳排放配额为 $V^* = \frac{p_e}{2K}$。此时生产企业可实现的最大利润为 $\pi_m^* = \frac{(a_1+\eta p_2-c_1-e_1p_e)^2+(a_2+\eta p_1-c_2-e_2p_e)^2}{4}+\frac{p_e^2}{2K}$，政府可实现的最大社会福利为 $SW^* = \frac{p_e^2}{4K}+\frac{3((a_1+\eta p_2-c_1-e_1p_e)^2+(a_2+\eta p_1-c_2-e_2p_e)^2)}{8}$。

证明：采用逆向归纳法进行求解。在第二阶段，生产企业决定产品$_1$ 和产品$_2$ 的产量 q_1、q_2。将式 $p_i = a_i-q_i+\eta p_{3-i}$ 代入式（9-1）得：

$$\pi_m = (a_1-q_1+\eta p_2-c_1)q_1+(a_2-q_2+\eta p_1-c_2)q_2-(e_1q_1+e_2q_2-V)p_e \tag{9-3}$$

将式（9-3）分别对产品$_1$ 的需求量 q_1 和产品$_2$ 的需求量 q_2 求偏导，可得生产企业利润函数 π_m 的 Hessian 矩阵 H_m（q_1，q_2）如下：

$$H_m(q_1, q_2) = \begin{pmatrix} \frac{\partial^2\pi_m}{\partial q_1^2} & \frac{\partial^2\pi_m}{\partial q_2\partial q_1} \\ \frac{\partial^2\pi_m}{\partial q_1\partial q_2} & \frac{\partial^2\pi_m}{\partial q_2^2} \end{pmatrix} = \begin{pmatrix} -2 & 0 \\ 0 & -2 \end{pmatrix} = 4 \tag{9-4}$$

由于 $|H_1|<0$，$|H_m(q_1, q_2)|>0$，易得，生产企业利润函数 π_m 的 Hessian 矩阵负定，从而可以确定 π_m 是关于 q_1 和 q_2 的严格凹函数，故存在唯一最优解，使生产企业的期望利润最大。

求 π_m 关于 q_1 和 q_2 的一阶偏导数并令其等于零，可得生产企业对政府决策的最优反应函数如下：

$$q_1 = \frac{a_1+\eta p_2-c_1-e_1p_e}{2} \tag{9-5}$$

$$q_2 = \frac{a_2+\eta p_1-c_2-e_2p_e}{2} \tag{9-6}$$

将式（9-5）及式（9-6）代入式（9-3）得到：

$$\pi_m=\frac{(a_1+\eta p_2-c_1-e_1p_e)^2+(a_2+\eta p_1-c_2-e_2p_e)^2}{4}+Vp_e \tag{9-7}$$

在第一阶段，由政府决定碳交易价格。当生产企业选择最优的生产策略时，社会福利函数可以表示如下：

$$SW=-KV^2+p_eV+\frac{3((a_1+\eta p_2-c_1-e_1p_e)^2+(a_2+\eta p_1-c_2-e_2p_e)^2)}{8} \tag{9-8}$$

政府的目标是制定最优的免费碳排放配额使社会福利最大化。对式（9-8）求关于免费碳排放配额 V 的二阶偏导数，得到$\frac{\partial^2 SW}{\partial V^2}=-2K<0$，故政府社会福利是关于 V 的严格凹函数，即存在唯一最优解，使政府社会福利最大化。

求出 SW 关于免费碳排放配额 V 的一阶偏导数并令其等于0，可以得到最优免费碳排放配额：

$$V^*=\frac{p_e}{2K} \tag{9-9}$$

故生产企业两种产品的最优产量分别如下：

$$q_1^*=\frac{a_1+\eta p_2-c_1-e_1p_e}{2} \tag{9-10}$$

$$q_2^*=\frac{a_2+\eta p_1-c_2-e_2p_e}{2} \tag{9-11}$$

进而可得生产企业最优利润如下：

$$\pi_m^*=\frac{(a_1+\eta p_2-c_1-e_1p_e)^2+(a_2+\eta p_1-c_2-e_2p_e)^2}{4}+\frac{p_e^2}{2K} \tag{9-12}$$

政府最大社会福利如下：

$$SW^*=\frac{p_e^2}{4K}+\frac{3((a_1+\eta p_2-c_1-e_1p_e)^2+(a_2+\eta p_1-c_2-e_2p_e)^2)}{8} \tag{9-13}$$

证毕。

命题 9-1： 生产企业的利润随政府免费分配碳配额的增加而增加，而生产企业的产量决策与免费碳排放配额大小无关。

证明： 对式（9-10）至式（9-12）分别求关于免费碳排放配额 V 的

一阶偏导数可得：

$$\frac{\partial q_1^*}{\partial V}=\frac{\partial q_2^*}{\partial V}=0$$

$$\frac{\partial \pi_m^*}{\partial V}=p_e>0$$

证毕。

命题 9-1 表明，在生产企业和政府组成的二级供应链系统中，免费碳排放配额的变化只对生产企业的利润产生正向影响，与生产企业的产量决策无关。这是因为随着政府免费分配碳配额的增多，生产企业需要额外购买的碳配额减少，碳交易成本降低，同时，生产企业还可以通过出售多余的碳配额来提高收益。这也意味着政府改变企业的免费碳配额只会对生产企业的总收入产生影响，而要想对产品产量进行调节，只能通过调整碳价等其他因素来实现。

三、 产量决策的影响因素与分析

本节通过算例分析进一步验证上述命题的正确性，以及更直观地分析一些关键参数对最优决策及最优利润的影响。根据研究假设和前人研究设定，将基本参数设定如下：$a_1=a_2=100$、$p_1=p_2=20$、$c_1=c_2=5$、$e_1=2$、$e_2=5$、$K=1$、$p_e=1.5$。运用 Matlab 软件仿真结果如下：

（一）碳交易价格对企业产品产量的影响分析

本节讨论碳交易价格对供应链各节点企业决策和利润的影响情况。在上述参数设定的基础上，取 η、p_e 作为自变量，令 $\eta\in(-1, 1)$，$p_e\in[0.2, 2.6]$，得到供应链各成员最优决策和最优利润随(η, p_e)的变化情况，如图 9-2 至图 9-6 所示。

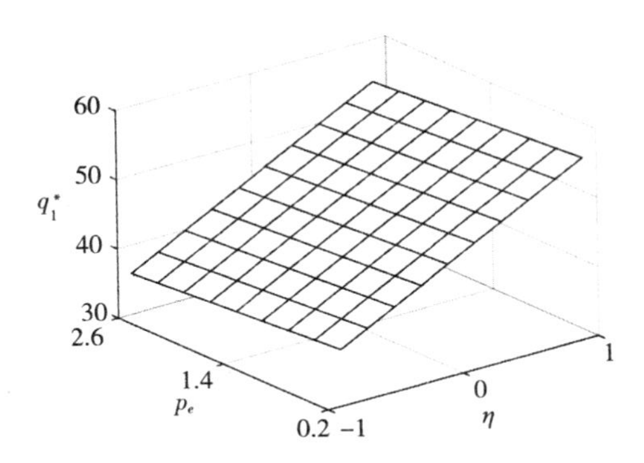

图 9-2　产品竞争系数和碳交易价格对产品$_1$ 产量的影响

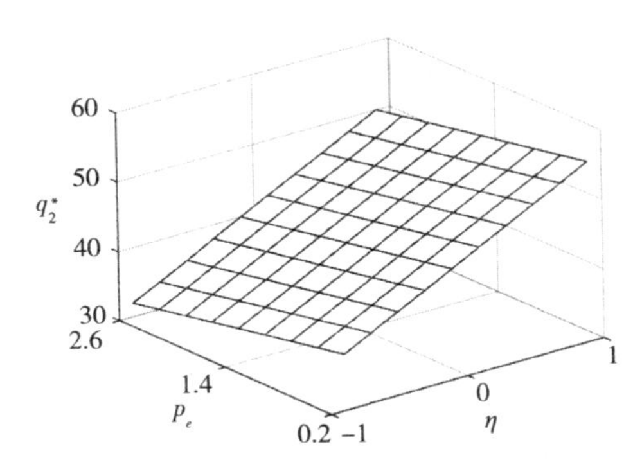

图 9-3　产品竞争系数和碳交易价格对产品$_2$ 产量的影响

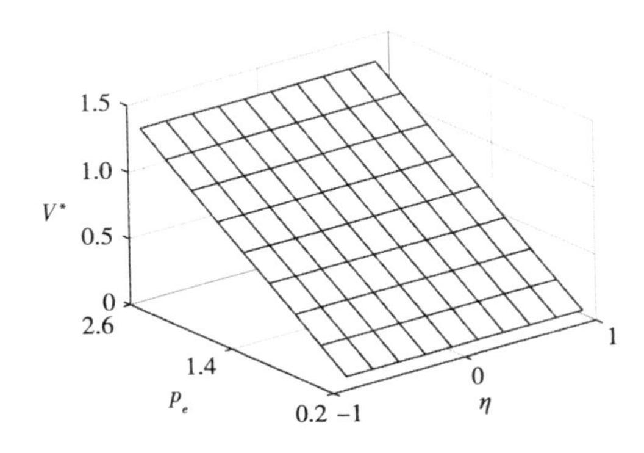

图 9-4　产品竞争系数和碳交易价格对免费碳排放配额的影响

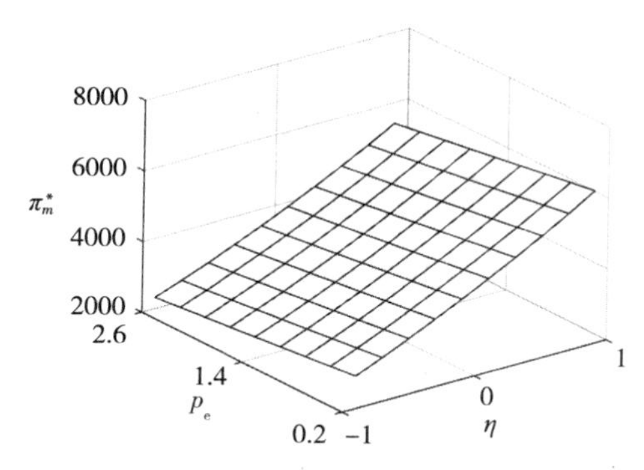

图 9-5　产品竞争系数和碳交易价格对生产企业利润的影响

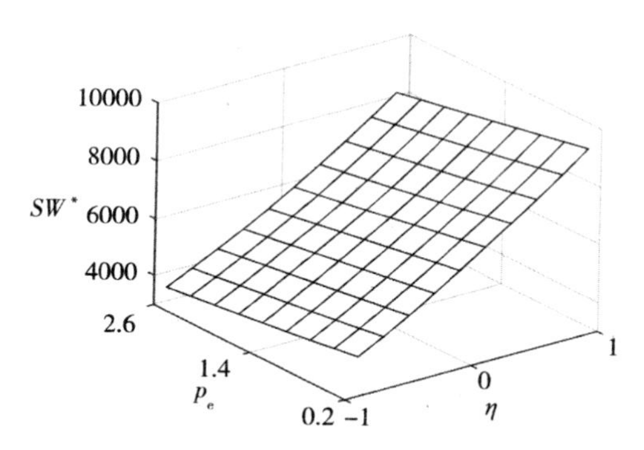

图 9-6　产品竞争系数和碳交易价格对政府社会福利的影响

无论需求交叉价格影响系数如何变化，政府分配的免费碳配额与碳交易价格成正比，而两种产品的产量、生产企业利润及政府社会福利均与碳交易价格成反比。这是因为碳交易价格的上涨意味着生产企业碳交易成本的增加，为了降低成本，生产企业会选择减少产品产量，进而导致生产企业利润和政府社会福利降低，而政府为了保证社会福利，会选择提高免费碳排放配额，来缓解生产企业的一部分碳压力。因此，对于生产企业来说，应随碳交易价格的提高降低产品产量。从政府的角度分析，应根据市场情况将碳交易价格控制在合理的范围之内，以实现更高的社会效益。

无论碳交易价格如何变化，需求交叉价格影响系数越大，两种产品的需求量、生产企业利润及政府社会福利就越高。也就是说，生产企业生产的两种产品互为替代品的情况下，两种产品的需求量、生产企业利润及政府社会福利均高于生产企业生产两种互补品的情况。且两种产品的替代性越强或互补程度越弱，两种产品的需求量、生产企业利润及政府社会福利就越高。因此，对于生产企业来说，生产替代性较强的两种产品，有助于提高产品市场需求量，从而有助于提升供应链及其成员的运作绩效。

（二）市场规模对企业产品产量的影响分析

本节讨论初始市场规模对供应链各节点企业决策和利润的影响情况。在上述参数设定的基础上，取 η、a_1 作为自变量，令 $\eta \in (-1,\ 1)$，$a_1 \in [75,\ 125]$，得到供应链各成员最优决策和最优利润随 $(\eta,\ a_1)$ 的变化情况，如图 9-7 至图 9-10 所示。

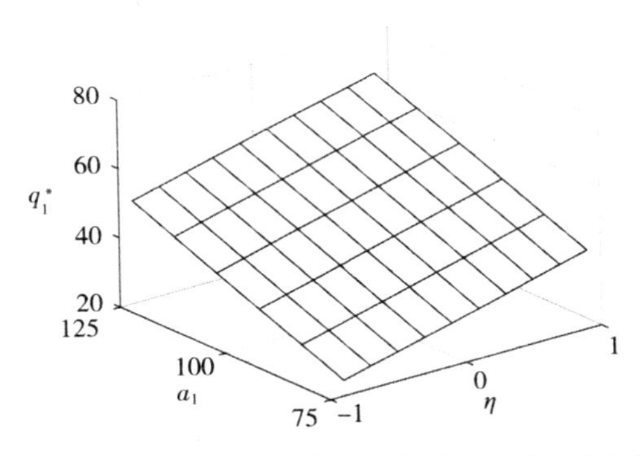

图 9-7　产品竞争系数和初始市场规模对产品$_1$产量的影响

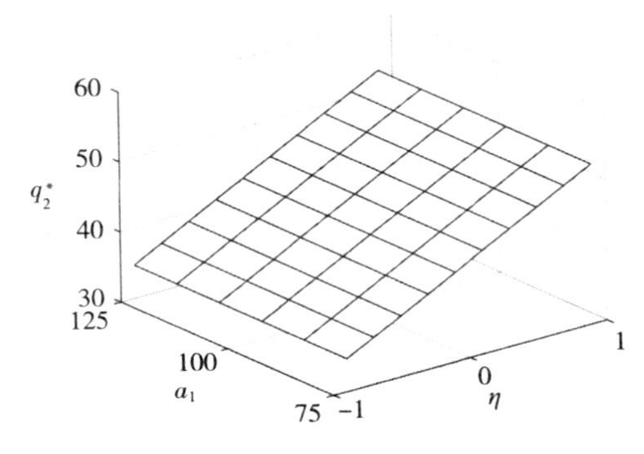

图 9-8　产品竞争系数和初始市场规模对产品$_2$产量的影响

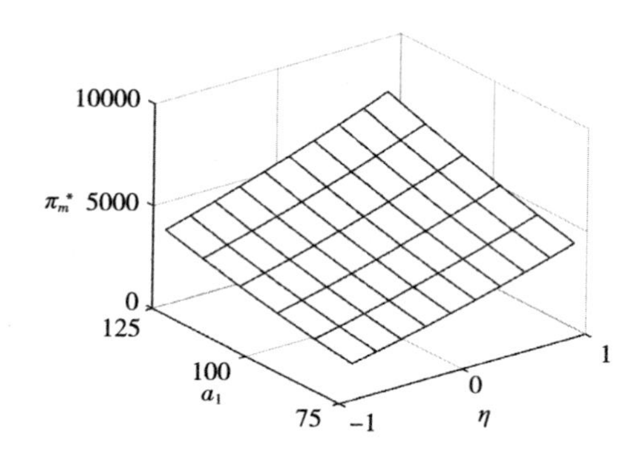

图 9-9　产品竞争系数和初始市场规模对生产企业利润的影响

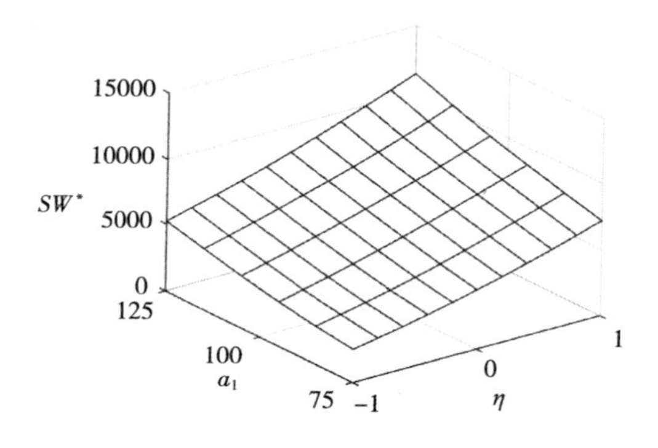

图 9-10　产品竞争系数和初始市场规模对政府社会福利的影响

无论产品竞争系数如何变化，生产企业利润和政府社会福利均与初始市场规模成正比，且无论两种产品相互替代还是相互互补，产品产量均与其自身市场规模成正比，而与另一产品的市场规模无关。这是因为初始市场规模越大，意味着潜在消费者就越多，生产企业会提高产量来满足消费者需求，进而使自身销售利润和政府社会福利提高。因此，对于生产企业来说，应随产品市场规模的扩大而提高该产品产量。

无论初始市场规模如何变化，需求交叉价格影响系数越大，两种产品的需求量、生产企业利润及政府社会福利就越高。也就是说生产企业生产的两种产品互为替代品的情况下，两种产品的需求量、生产企业利润及政府社会福利均高于生产企业生产两种互补品的情况。且两种产品的替代性越强或互补程度越弱，两种产品的需求量、生产企业利润及政府社会福利就越高。因此，对于生产企业来说，生产替代性较强的两种产品，有助于提高产品市场需求量，从而有助于提升供应链及其成员的运作绩效。

（三）生产成本对企业产品产量的影响分析

本节讨论生产成本对供应链各节点企业决策和利润的影响情况。在上述参数设定的基础上，取 η、c_1 作为自变量，令 $\eta \in (-1, 1)$，$c_1 \in [2, 8]$，得到供应链各成员最优决策和最优利润随 (η, a_1) 的变化情况，如图 9-11 至图 9-14 所示。

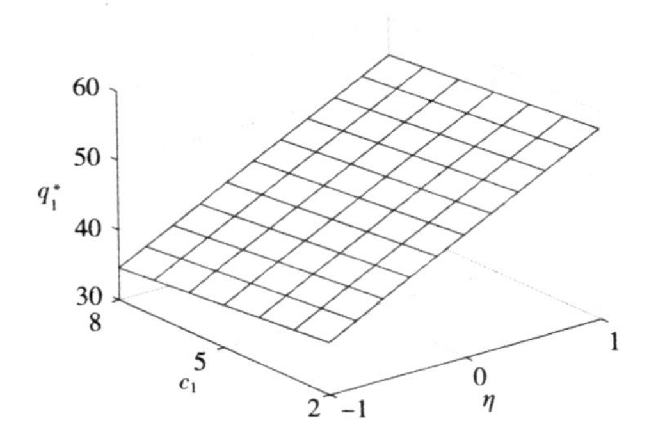

图 9-11　产品竞争系数和生产成本对产品$_1$产量的影响

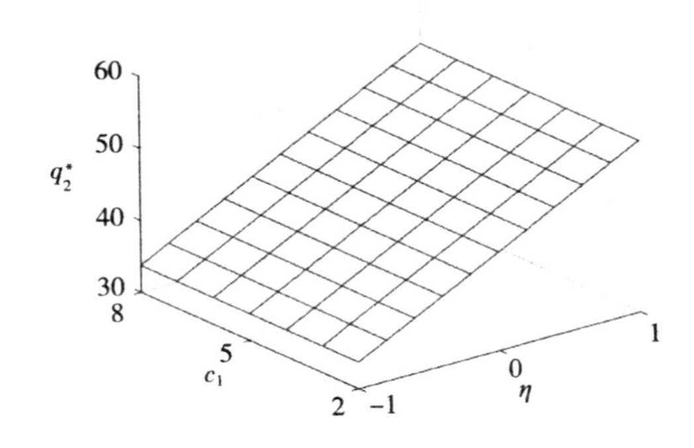

图 9-12　产品竞争系数和生产成本对产品$_2$产量的影响

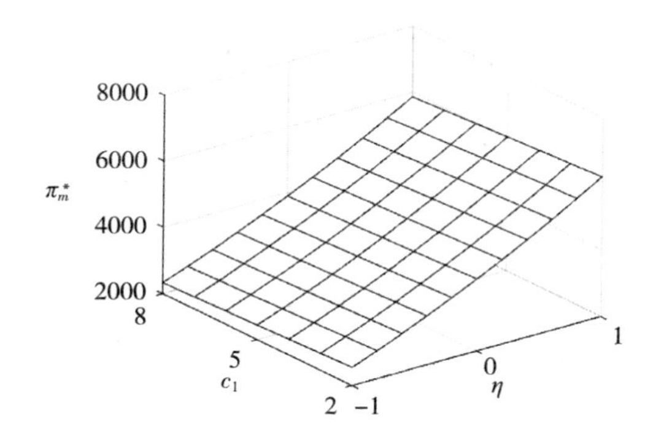

图 9-13　产品竞争系数和生产成本对生产企业利润的影响

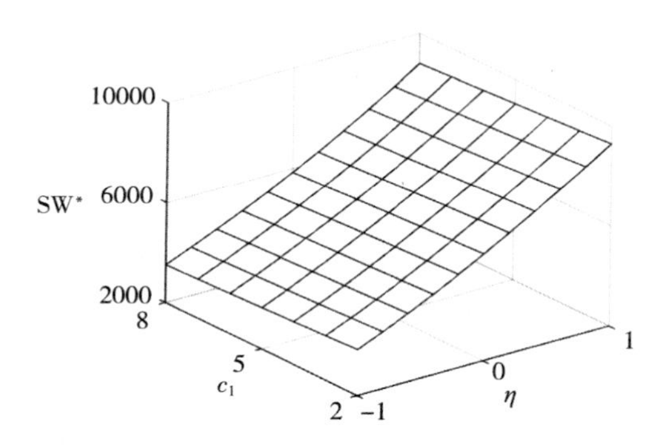

图 9-14　产品竞争系数和生产成本对政府社会福利的影响

无论产品竞争系数如何变化，生产企业利润和政府社会福利均与生产成本成反比，且无论两种产品相互替代还是相互互补，产品产量均与其自身生产成本成正比，而与另一产品的生产成本无关。这是因为产品的生产成本增加时，生产企业会以提高产品销售价格的方式将成本转移给消费者，导致市场需求量下降，进而导致生产企业总利润和政府社会福利降低。

无论产品生产成本如何变化，需求交叉价格影响系数越大，两种产品的需求量、生产企业利润及政府社会福利就越高。也就是说生产企业生产的两种产品互为替代品的情况下，两种产品的需求量、生产企业利润及政府社会福利均高于生产企业生产两种互补品的情况。且两种产品的替代性越强或互补程度越弱，两种产品的需求量、生产企业利润及政府社会福利就越高。因此，对于生产企业来说，生产替代性较强的两种产品，有助于提高产品市场需求量，从而有助于提升供应链及其成员的运作绩效。

四、　本章小结

本章在碳交易背景和生产企业生产两种产品的情形下，研究生产企业的产量决策问题。首先以生产企业利润和社会福利作为优化目标，构建由生产企业、政府、消费者和碳交易市场组成的生产、销售和交易系统；其次采用逆向归纳法求解得出产品产量、生产企业利润及政府社会福利的均衡解；最后通过数值模拟分析了免费初始碳配额、碳交易价格、市场规模和生产成本对最优产量决策和最优利润的影响并得出以下结论。免费初始碳配额对生产企业的利润存在正向影响，对产量没有直接影响。碳交易价格越高，两种产品的市场需求量、生产企业利润及政府社会福利就越低。生产企业利润和政府社会福利均与生产成本成正比，且无论两种产品是相互替代还是相互互补，产品产量均与其自身生产成本成正比，而与另一产品的生产成本无关。生产企业利润和政府社会福利均与初始市场规模成正比，且无论两种产品是相互替代还是相互互补，产品产量均与其自身市场规模成正比，而与另一产品的市场规模无关。两种产品的需求交叉价格影响系数越大，两种产品的需求量、生产企业利润及政府社会福利就越高。

参考文献

[1] Dales J H. Pollution, property and prices [M]. Toronto: University of Toronto Press, 1968.

[2] 蓝虹. 碳交易市场概论 [M]. 北京：中国金融出版社，2022.

[3] 王小龙. 排污权交易研究：一个环境法学的视角 [M]. 北京：法律出版社，2008.

[4] 张丁夕. 我国排污权交易制度构建路径探究 [J]. 法制博览，2024 (12)：1-4.

[5] 孙明茜. 中国碳排放权交易价格机制研究 [D]. 四川大学，2023.

[6] 王明远. 论碳排放权的准物权和发展权属性 [J]. 中国法学，2010 (6)：92-99.

[7] 叶勇飞. 论碳排放权之用益物权属性 [J]. 浙江大学学报（人文社会科学版），2013，43 (6)：74-81.

[8] 乔海曙，刘小丽. 碳排放权的金融属性 [J]. 理论探索，2011 (3)：61-64.

[9] 苏亮瑜，谢晓闻. 碳市场发展路径与功能实现：基于碳排放权的特殊性 [J]. 广东财经大学学报，2017，32 (1)：24-31+56.

[10] 杨泽伟. 碳排放权：一种新的发展权 [J]. 浙江大学学报（人文社会科学版），2011，41 (3)：40-49.

[11] 蒋家俊，李慧中. 社会主义价格理论与实践 [M]. 成都：四川人民出版社，1991.

[12] 赵小平．价格管理实务［M］．北京：中国市场出版社，2005.

[13] 宁玉山，刘波，孔繁定．政治经济学［M］．武汉：武汉大学出版社，1989.

[14] 胡耀国．价格机制与市场机制［J］．价格月刊，1998（6）：7-8.

[15] Burtraw D，Palmer K，Kahn D. A symmetric safety valve［J］. Energy Policy，2010，38（9）：4921-4932.

[16] Goulder L H，Schein A R. Carbon taxes versus cap and trade：A critical review［J］. Climate Change Economics，2013，4（3）：135.

[17] Fankhauser S，Hepburn C. Designing carbon markets. Part I：Carbon markets in time［J］. Energy Policy，2010，38（8）：4363-4370.

[18] 段茂盛，邓哲，张海军．碳排放权交易体系中市场调节的理论与实践［J］．社会科学辑刊，2018（1）：92-100.

[19] 张妍，李玥．国际碳排放权交易体系研究及对中国的启示［J］．生态经济，2018，34（2）：66-70.

[20] Tietenberg T. Cap-and-trade：The evolution of an economic idea［J］. Agricultural and Resource Economics Review，2010，39（3）：359-367.

[21] Goulder L H，Parry I W H. Instrument choice in environmental policy［J］. Review of Environmental Economics and Policy，2008（1）.

[22] Merritt-Thrasher K M. Tracing the steps of Norway's carbon footprint：Lessons learned from Norway and the European Union concerning the regulation of carbon emissions［J］. Ind. Int'l & Comp. L. Rev.，2011（21）：319.

[23] 崔恺媛．国际碳交易机制的比较对我国碳交易市场构建的启示［J］．东岳论丛，2017，38（5）：118-124.

[24] 李大元，曾益，张璐．欧盟碳排放权交易体系对控排企业的影响及其启示［J］．研究与发展管理，2017，29（6）：91-98.

[25] 约书亚·普伦蒂斯，马亮，谢咏．欧盟第四交易期前碳排放交易体系改革：2021—2030［J］．区域与全球发展，2021，5（1）：5-14.

[26] 孙雪巍．欧盟碳交易市场体系建设分析及启示［J］．国际商务财会，2024（9）：12-19.

[27] 徐东，周新媛，张庆辰．中国碳排放权交易市场发展现状与展望［J］．国际石油经济，2024，32（3）：46-54+94.

[28] 齐绍洲，程师瀚．中国碳市场建设的经验、成效、挑战与政策思考［J/OL］．国际经济评论，1-21［2024-06-25］．http：//kns.cnki.net/kcms/detail/11.3799.F.20240201.1430.002.html.

[29] 王科，吕晨．中国碳市场建设成效与展望（2024）［J］．北京理工大学学报（社会科学版），2024，26（2）：16-27.

[30] 李磊，卢现祥．中国碳市场的政策效应：综述与展望［J］．中国人口·资源与环境，2023，33（10）：156-164.

[31] 索米娅，马军．国外主流碳市场发展对中国碳市场建设的启示研究［J］．农场经济管理，2023（7）：26-31.

[32] 吕学都，许浩，于冰清，陈齐家，杨舒雯．中国碳市场发展剖析与未来发展之我见［J］．可持续发展经济导刊，2023（Z2）：52-61.

[33] 宋志国，贾引狮．绿色供应链管理若干问题研究［M］．北京：中国环境科学出版社，2009.

[34] 刘海建，胡化广，张树山，孙磊．供应链数字化的绿色创新效应［J］．财经研究，2023，49（3）：4-18.

[35] 孙楚绿，慕静．产品环境足迹的供应链绿色采购政策分析——欧盟的实践与启示［J］．天津大学学报（社会科学版），2017，19（1）：7-11.

[36] 沈洪涛，戴云，张洁静．碳排放权交易机制与企业碳透明度［J］．财会月刊，2019（1）：151-161.

[37] 林志炳．考虑企业社会责任的绿色供应链定价与制造策略研究［J］．管理工程学报，2022，36（3）：131-138.

[38] 韩文博．核心企业主导的供应链绿色技术协同创新模式及运行障碍研究［J］．经营与管理：2024（5）：1-12.

［39］杨旭．绿色供应链管理中的供应商选择问题研究［J］．中国管理信息化，2023，26（17）：110-113.

［40］陈婉婷．“双碳”目标下制造企业绿色供应链管理转型发展研究［J］．商业经济，2024（4）：108-110+131.

［41］冯艳玲，黄林迪．“双碳”背景下物流行业绿色发展对策［J］．物流工程与管理，2023，45（9）：1-4.

［42］张梅，孙烨懿，杨丽娜．数智化助推企业绿色供应链升级——基于施耐德与联想集团的双案例研究［J］．财会月刊，2024，45（6）：28-35.

［43］黄向岚，张训常，刘晔．我国碳交易政策实现环境红利了吗?［J］．经济评论，2018（6）：86-99.

［44］李胜兰，林沛娜．我国碳排放权交易政策完善与促进地区污染减排效应研究——基于省级面板数据的双重差分分析［J］．中山大学学报（社会科学版），2020，60（5）：182-194.

［45］Rogge K S，Schneider M，Hoffmann V H. The innovation impact of the EU Emission Trading System—Findings of company case studies in the German power sector［J］. Ecological Economics，2011，70（3）：513-523.

［46］张同斌，刘琳．中国碳减排政策效应的模拟分析与对比研究——兼论如何平衡经济增长与碳强度下降的双重目标［J］．中国环境科学，2017，37（9）：3591-3600.

［47］李国志，李宗植．人口、经济和技术对二氧化碳排放的影响分析——基于动态面板模型［J］．人口研究，2010，34（3）：32-39.

［48］周塔尔才让．中国二氧化碳排放环境库兹涅茨曲线的验证［J］．经济论坛，2014（11）：137-139+160.

［49］张超．碳排放权交易对电力行业企业绩效影响研究［D］．西安科技大学，2020.

［50］唐清泉，罗党论．政府补贴动机及其效果的实证研究——来自中国上市公司的经验证据［J］．金融研究，2007（6）：149-163.

[51] Cook A. Emission rights: From costless activity to market operations [J]. Accounting Organizations & Society, 2009, 34 (3): 456-468.

[52] 刘传明，孙喆，张瑾. 中国碳排放权交易试点的碳减排政策效应研究 [J]. 中国人口·资源与环境，2019，29 (11)：49-58.

[53] Brouwers R, Schoubben F, Van H, et al. The initial impact of EU-ETS verification events on stock prices [J]. Energy Policy, 2016 (94): 138-149.

[54] Wagner M. The role and effectiveness of environmental and social regulations in creating innovation offsets and enhancing firm competitiveness [M]. Springer Netherlands, 2012.

[55] Goodchild A, Toy J. Delivery by drone: An evaluation of unmanned aerial vehicle technology in reducing CO_2 emissions in the delivery service industry [J]. Transportation Research Part D: Transport and Environment, 2018, 61 (6): 58-67.

[56] 李黎. 我国能源消费与经济增长的关系分析 [D]. 四川大学，2005.

[57] 余长林，高宏建. 环境管制对中国环境污染的影响——基于隐性经济的视角 [J]. 中国工业经济，2015 (7)：21-35.

[58] 田霍卿，刘锦棠，王树新，郑艳艳. 内耗论 [M]. 北京：经济管理出版社，1996.

[59] 张杰芳. 碳限额与交易政策下闭环供应链生产决策及协调研究 [D]. 电子科技大学，2018.